ヘタな字も
方向オンチも
なおる！

数学は最強の問題解決ツール

スウガクって、なんの役に立ちますか？

明治大学特任教授
杉原厚吉 著

誠文堂新光社

はじめに
——ほんとうに役に立つスウガクを！

この本は、身近な生活の中で役に立つ数学（スウガク）の姿や数理的な考え方を、広く集めて紹介したものです。「役に立つ」ことに重点を置き、困っていることを解決したいという状況から話題を集めています。数学的におもしろくても、単に知的好奇心を満たすだけのものは扱わないように努め、逆に、問題解決に役立つものなら、「これが数学なの？」といわれそうなものまで、なりふり構わず取り込んであります。その結果、話題はあちこちへ発散し、整然とした体系からはほど遠いものになっていますが、その分、「ほんとうに役に立ちそうだぞ！」という迫力を味わっていただけるものと思います。

本書は、小・中学生向けの月刊誌『子供の科学』に7年半にわたって執筆した連載記事「押忍《おす》!! 数学道」が基になっています。「数学道」という武道系の名前は、私が学生時代に空手部に属していたことを知った編集部からの提案でもありましたが、数学の好きな人がおもしろく楽しめる趣味的な話題に流れてしまうことを戒め、努力によって壁を乗り越えれば役に立つ技術や考え方にたどり着けるという禁欲的な姿勢を目指してつけたものでもありました。その精神は残したまま、連載記事の中から、大人に役立つと思われる話題を厳選して、全面的に書き換えてまとめたのが本書です。

数学というと、好きな人が勝手にやればいいものであって自分には関係ないという人や、美しくて知的なものらしいのでいつか時間ができたら自分も趣味としてやってみたいという人も少なくないと思います。

でも、この本で紹介する数学は、そのどちらでもありません。美しくはないかもしれませんが、誰でも使える身近な生活力としての泥臭い数学とその背景にある数理的な考え方です。実はこれは、数学というより、「数理工学―数学を道具として用い、困っていることを解決する工学」と呼ばれる考え方です。

焦点を合わせているのは、知っていると日常生活の中で得をする基本的な数学の考え方です。身の周りで起こる出来事に対して、数学が実際に役に立つ側面を持っていることを味わっていただけるものと思います。

２０１７年１月

著　者

『スウガクって、なんの役に立ちますか？』もくじ

1章 仕事の場で役立つスウガクの技

ゲームの理論
「勝負に勝つ確率」を増やすには 12

心理のパラドクス
多数決なのに「多数の意見ではない」？ 20

ネットワークと配置問題
最善策がなければ、次善策を！ 25

情報の冗長性
よけいな情報がミスを防ぐ？ 31

正規分布・偏差値
質の異なるものをどう比較する？ 36

2章

毎日の生活でトクをする方法

グラフの理論
仲の悪い人を隣同士にしないために ―― 44

数理モデルで解く
早すぎてもダメ、賢い陣取り法 ―― 52

逆比の応用
欲しいお湯の温度をかんたん、正確につくる法 ―― 58

2分探索法
聴きたいCDを素早く取り出すには ―― 63

バランスの幾何学
「字がヘタ」というコンプレックスを軽減する ―― 71

3章

趣味をさらに充実させるスウガクの技

シミュレーション
揺れの少ない座席を確保するには 77

グラフで読み解く
冷蔵庫内のジュースはどのように冷えるか？ 84

限界効用
寄付はしたいが、資金が減るのも… 90

両眼立体視
映画館と液晶テレビ、迫力のモトがわかった！ 98

作図計算
撮影位置を写真から特定する方法 105

4章

こんなとき、スウガクの力でどう解決する？

スキーでコブをうまく滑るコツ ベクトルの考え方 112
ブランコの漕ぎ方を子どもに教える 振り子の運動 117
野球のベース間を速く走る力学 速度と遠心力 124
3つの箱、どこに当たりクジが？ モンティ・ホール問題 130

海岸線の長さを確定できない？ 134
フラクタル幾何学

サイコロで8つの選択肢を決める？ 140
非六面サイコロ

複雑な形の池、その面積に挑戦！ 146
アルキメデスの接近法

「できない」ことを示すのもスウガクの威力 152
最大公約数の効果

目的なしのアンケート、さて何を得られる？ 158
データマイニング

5章

幾何力を発揮して解決法を探る

脳の勘違い
なぜ人は方角を間違える？ 164

点と線でつなぐ
総当たり戦の対戦スケジュール 170

ひと筆書きの問題
御神輿を町内のすべての通りに平等に回せるか？ 176

射影変換
写真から2点間の正確な距離を算出 185

区間切り
プールの水抜きはいつ終わる？ 194

6章

まだまだあるぞ、役立つスウガク

国語力と数理力
読みやすい文章こそ「スウガク」で ―― 202

セルオートマトン
地震だ、逃げ方をシミュレーション ―― 208

期待値
宝くじを買っても当たらないけれど ―― 214

ベクトルの力
雪のかまくらは、なぜドーム型？ ―― 218

カバー・本文デザイン・DTP／三枝未央
イラスト／村山宇希（株式会社ぽるか）
編集協力／畑中 隆（シラクサ）

1章

仕事の場で役立つ スウガクの技

「勝負に勝つ確率」を増やすには

――相手の情報を分析し、対応すれば百戦危うからず

〔キーワード〕**ゲームの理論**

「どうすれば最良の結果を残せるか」――それを考えるのが勝負の鉄則です。もちろん、自分が圧倒的に強ければ、相手側の作戦まで考える必要はありません。けれども、たいていは実力が拮抗していますから、相手の出方しだいでこちらの打つ手も変わります。

それはビジネスでも、ゲームでも、スポーツでも同じことですね。

たとえば野球の場合、バッターが2ストライクまで追い込まれていれば、次はストレートにヤマを張るか、変化球を待つか。変化球打ちが得意であっても、そのタイミングでストレートが来れば三振の確率が高くなります。かといって、ストレート待ちだとせっかく好きな変化球が来てもファールするのが関の山……。

このように相手の出方を読みつつ、自分のトクを多くし、ソンを最小にするように行

動する、その研究分野が「**ゲームの理論**」と呼ばれるものです。そして、この最も身近なケースが「ジャンケン」と考えてよいでしょう。

ジャンケンでも「勝つ確率を増やす方法」がある？

ジャンケンは、そもそも公平な勝負をするための手段ですから、「必ず勝つ方法」というのは本来はありません。けれども、「勝てる確率を増やす」という努力の余地はあります。1回勝負ではダメですが、同じ人と何回もジャンケンをしていれば相手のクセを読み取ることができ、それを利用して勝つ可能性を増やすことができるのです。

いま、Aさんが誰かとジャンケンをしているのを、あなたが偶然、見かけたとします。ここで、グーを「G」、チョキを「C」、パーを「P」で表します。また、勝った場合を「勝」、負けを「負」、引き分けを「引」で表しましょう。たとえば、グーを出して勝ったら「G勝」、チョキで負けたら「C負」、パーで引き分けなら「P引」です。

Aさんがジャンケンをしているのを9回観察した結果、次のとおりでした。

G勝、C引、P負、P勝、P引、G引、C勝、G負、P引

すなわち、Aさんは、1回目にグーを出して勝ち、2回目にチョキを出して引き分けで、3回目にパーを出して負け、4回目にもう一度パーを出して今度は勝ち……という具合です。このデータから、Aさんのクセを探り、勝率を上げたいのですが、何かよいアイデアはないものでしょうか。

相手のクセをチェックする

最も単純な方法は、グー、チョキ、パーの数を数えることです。Gが3回、Cが2回Pが4回だから、Aさんはパーをいちばん多く出し、チョキをあまり出さないという結果が出ています。といっても、たったの9回しか見ていないので、もしこの方法を使うなら、もっと長く観察してから結論を出すべきですし、「パーが多いので、チョキを出そう」とチョキばかり出していれば、Aさんにも気づかれてしまうでしょう。

表1　「どの手の次に、どんな手を出したか」を調べてみると

①

（行）次に出した手 ＼ （列）いま出した手	G	C	P
G			
C	一		
P		一	

②

（行）次に出した手 ＼ （列）いま出した手	G	C	P
G		一	一
C	T		
P	一	一	T

もう少しAさんのクセを知りたかったら、「Aさんはどの手の次に、どの手を出したか」に着目したほうがよいでしょう。そこで、表1の①に示すように「縦3列、横3行」の表をつくります。列に対してG、C、Pと名前を付け、「いま出した手」を表すようにします。行にもG、C、Pと名前を付け、こちらは「次に出した手」を表します。

　Aさんの出した9つのデータのうち、「いま出した手」と「その次の手」の2つだけに着目するわけです。Aさんは最初に、Gの次にCを出しています。そこで、①の第1列（いまGを出したことを表す列）と第2行（次にCを出したことを表す行）の交わるマス目に1票を入れます。Aさんは、2回目にCを出した後、3回

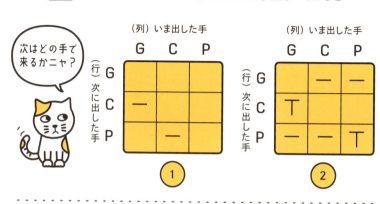

目にはPを出したから、①のC列とP行の交差するマス目にも1票を入れます。これを繰り返すと、Aさんの9回のデータに対して、②のように8票のデータが入ります。

これを見ると、Gの次にCを出すことが2回あり、Pの次にもう一度Pを出すことも2回あったことがわかりますね。また、Gの次にもう一度Gを出したことは一度もなく、Pの後にCを出したことも一度もありません。この表はかなり使えそうです。できたらもう少し観察してデータを増やすことができれば、より信頼性を高められるでしょう。それに先ほどの方法に比べると、Aさんも「自分のクセを調べられているのでは？」と気づきにくく、同じパターンをせっせと続けてくれそうです。

相手がよく出す手、あまり出さない手

もう一歩、考えてみましょう。「いま出した手、次に出した手」だけでなく、そのときに「勝ったか、負けたか」も考え、次にどんな手を出しやすいかを見てみます。

そのためには、表2のように縦9列、横3行の表をつくります。列は、「出した手、そのときの勝敗」の組を表し、行はその次に出した手を表します。ここに先ほどの②のデー

表2　「勝ち・負け・引き分け」も加えた表をつくる

（列）いま出した手 ／（行）次に出した手

	G 勝	G 引	G 負	C 勝	C 引	C 負	P 勝	P 引	P 負
G				—				—	
C	—	—							
P			—		—		—		—

タを入れていくと、表2が完成します。これも、もっと多くのデータを集めると、Aさんのクセをさらに緻密に調べることができるはずです。

こんなふうに相手のクセを集計し、「よく出す手、あまり出さない手」を分析できれば、そこから「勝つためにはどの手を多く出せばよいか」という対応法が導き出されるというわけです。ただし、集計した結果、Aさんはパーを最も多く出すとわかったとしても、あなたがチョキばかり出していると、相手に気づかれてしまい、対応を変えられるかもしれません。だから、でたらめに出すふりをしながら、チョキを少し多めに出すという方法が長く勝ち続けるコツでしょう。

「1つ前に出した情報」を利用する「条件付き確率」

「相手が1つ前に出したのはグーである」などの条件のもとで、「次にどの手が出やすいか」を表す確率は「**条件付き確率**」と呼ばれます。1つ前の状態（たとえば、相手がグーを出したという状態）が決まると、次に起こる可能性のあるそれぞれの状態（相手が出す手がグー、またはチョキ、またはパーという状態）が起こる「条件付き確率」が決まるというシステムは、**マルコフ過程**と呼ばれます。

今回ご紹介したのは、相手の行動をマルコフ過程であると仮定し、この条件付き確率を観測データから求める方法です。ただし、この方法がうまく働くためには、十分な量のデータがなければなりません。データを集める努力が重要なのです。

サザエさんのジャンケンコーナーを分析

実はこの方法を実践している人がいると聞き、驚きました。「サザエさんじゃんけん研究所」というところで、アニメ「サザエさん」の最後に「ジャンケンコーナー」があり

ますが、この研究所では過去25年ものデータを蓄積し、2015年の勝率は78・5％だったといいます。

　データの分析方法は、「1つ前に出した情報」どころか、過去2回の手から今週の手を予測するもので、「3回続けて同じ手を出すことは少ない」「番組の新しいクールの初回はチョキが多い」などの傾向があるそうです。
本当にランダム（無作為）にサザエさんがジャンケンをしているなら予測はしにくいのですが、何を出すかはスタッフが決めていて、そこに〝クセ〟が出てくるわけです。ジャンケンの道もなかなか深いですね。

多数決なのに「多数の意見ではない」？

―「いちばん好きな物」＝「いちばん嫌いな物」の場合

【キーワード】心理のパラドクス

民主主義の原理の1つは、「多数の意見に従うこと」です。このため、グループの中で意見が分かれると、「多数決」が多くの場合に採用されています。

ところが、ときどき、とても不思議なことが起こります。それは「いちばん好きな食べ物、いちばん嫌いな食べ物」「いちばん入れたい政党、いちばん入れたくない政党」などの両極端のパターンでそれが起きることです。たとえば、次のような事例です。

いま、X社で創業30周年の行事の準備をしています。各部署ごとにステージで催しものを出すことに決まったので、ある部長さんは「何をしたいか？」とメンバーに相談したところ、「①合唱、②マジック、③寸劇」の3つが候補にあがったといいます。

そこで、この3つのどれにするかで多数決をとったところ「合唱」が一番多かったの

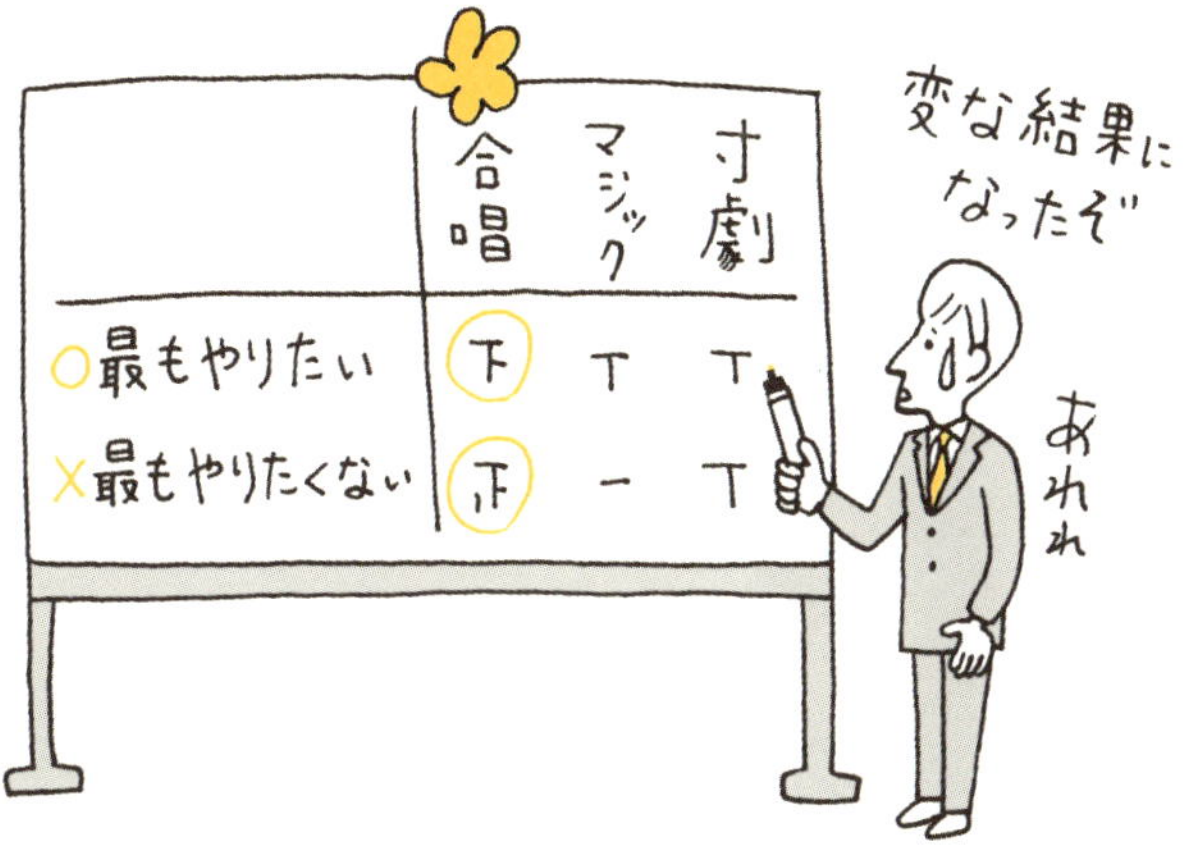

ですが、「オンチなので、歌うのだけはイヤです！」と必死で反対する声も多く、「では、3つの候補の中で一番やめておきたいものは何か？」と多数決をとったところ、驚いたことに最も嫌われたのが合唱だったのです……。

これは決して珍しいことではなく、実際によく起こることです。こんな場合、どう対応すればいいでしょうか。

多数決で決めるにはホントは「手順」が必要

もちろん、この部署の人たちが部長に対してふざけているわけではありません。一般に、多数決はいちばん公平な方法で、「異なる意見をまとめる最良の方法だ」と信じられています。ただ、本当のところ、必ずしもそうではないというだけのことです。この理由を説明してみましょう。

いま、A～Gまでの7人がいて、それぞれ合唱、マジック、寸劇のどれかを選ぶものとし、やりたいものの順位が表1の各行の「1、2、3」のように表されているとしましょう。たとえばAさんは、合唱に最も賛成で、次がマジック、最後が寸劇であり、Dさんは、マジックに最も賛成で、次が寸劇、最後が合唱という意味です。

この状況で、A～Gまでの7人は、3つのうちから「各自がいちばん」としているものに投票します。そうすると、A、B、Cの3人が合唱を選び（1と表示）、D、Eの2人がマジックを選び、F、Gの2人が寸劇を選びます。よって、合唱が1位となります。

一方、3つのうち、「どれに最も反対か」で投票したとすると、このときは「各自が3番」のものを答えます。つまり、D、E、F、Gの4人が合唱に反対し、A、Cの2人が寸劇に反対し、Bの1人がマジックに反対します。

というわけで、全員が自分の意見にしたがってまじめに参加しているのに、賛成の最多得票、反対の最多得票で見ると、どちらも「合唱」がいちばん多くの票を集めたことになります。

表1 「合唱」は好き・嫌いが両方とも1位だった

	合唱	マジック	寸劇
A	1	2	3
B	1	3	2
C	1	2	3
D	3	1	2
E	3	1	2
F	3	2	1
G	3	2	1

こういうケースでは、部長さんは最初から「何をやりたい？　どれにする？」といった決め方ではなく、3つの候補のどれを選ぶかを十分に話し合い、意見を聞いて納得したうえで決めるようにもっていくべきなのです。こうした話し合いで「では、マジックにしよう」など決まればいいのですが、どうしても話し合いでは合意できなかった場合にのみ、最後の手段として多数決に持ち込めば、その段階ではどれに決まっても皆が納得するでしょう。

そのときには多数決が絶対的によい方法とは限らないことを理解したうえで、「結果に対しては文句を言わない」とみんなに約束してもらってから採択をとるのがよい手順です。そして、採択は、「最もよい」と思うものについてだけにしておき、「最も嫌だ」と思うものについてはとってはいけません。

理屈は同じでも不思議に感じるパラドクス

国会議員を小選挙区で選ぶ場合も、状況はこれに似ています。定員1名のところに政党X、Y、Zからそれぞれ1名が立候補し、政党Xは他の政党と大きく異なる考え方をもっていて、政党YとZは似ているとします。このとき、政党Xを支持する人が40％、政党Yと政党Zを支持する人がそれぞれ30％ずつだったとします。

この場合、政党Xが最も多くの票を集めて当選すると予想できますが、政党Yや政党Zを支持する人は、意見の大きく異なる政党Xにだけは投票したくないと思っているでしょう。こんなときは、政党Y、政党Zは小異を捨て、統一候補を立てるのが有利で、実際、このようなことは選挙でよく行われているので、誰も不思議には思いません。

ところが、自分たちで「いちばんやりたいもの＝合唱」「いちばん嫌いなもの＝合唱」という結果が出ると、とたんに不思議な気持ちに陥るのだから、それこそ不思議な話です。

なぜなら、本当は同じ理屈なのですから。

最善策がなければ、次善策を！

――役割と希望者数をうまく調整する

【キーワード】ネットワークと配置問題

地域の自治会で役員の分担を決めるとき、会計係は1人いればいいのに、なぜか希望者が3人も立候補する、といったことが起こります。たいていはジャンケンなどで決めますが、もっと人数が多い場合は、希望者と役割分担とをうまく満たすのがむずかしくなります。

いま、35人が参加する1泊2日の研修会があって、研修の一環として参加者に掃除を分担してもらうことになりました。掃除をする場所ごとに配置人数を次ページの表1のように決め、研修参加者には自分がやりたい分担候補を2つずつ選んでもらいます。

しかし、35人という大人数で第2希望まで取っているとなると、誰が何を分担したらよいのか、不満が出ないのか、その組合せが複雑になってきます。

全員の第1希望を満たすような分担を決める方法はあるのか、もし第1希望を満たせないとしたら、第2希望は満たせるのかどうか。かなり複雑に感じますが、こんなケースではどう考えたらよいでしょうか。イベントを組織する会社であれば日常的に処理しないといけないテーマでしょう。

表1　係をどう決める？

そうじの分担人数	
そうじの場所	配置する人数
A. ろうか	3
B. 黒板	2
C. トイレ	6
D. 床	8
E. 窓	10
F. 花壇	6

勘や経験より頼れる「ネットワーク理論」とは

もちろん、こんな複雑なケースでは勘に頼っていると、うまく割り当てられません。また、試行錯誤でやっていると、人数が100人以上にでもなれば目も当てられません。そういうときに使える方法を紹介します。

次ページの図1に示すように、左側に研修参加者の35人を順に、①、②、……と表してタテに並べます。次に、右側に掃除をする場所をⒶ、Ⓑ、Ⓒ、Ⓓ、Ⓔ、Ⓕで表し、同じくタテに並べます。そして、研修参加者①、②、……のそれぞれが分担を希望する場所Ⓐ～Ⓕを「破線」で結びます（仮の状態）。さらに、掃除の場所の横に、係に必要な人数をカッコ書きしておきます。準備はこれだけです。

この図のように、「点と線」からなる構造のことを「**ネットワーク**」と呼んでいます。

このネットワークにおいて、研修参加者の分担場所を少しずつ決めていきます。最初は破線で結んでおきましたが、分担が決まった人については、その研修参加者と分担場所を結ぶ線を「破線→実線」へ書きかえます。

図1　そうじの分担を表すネットワーク

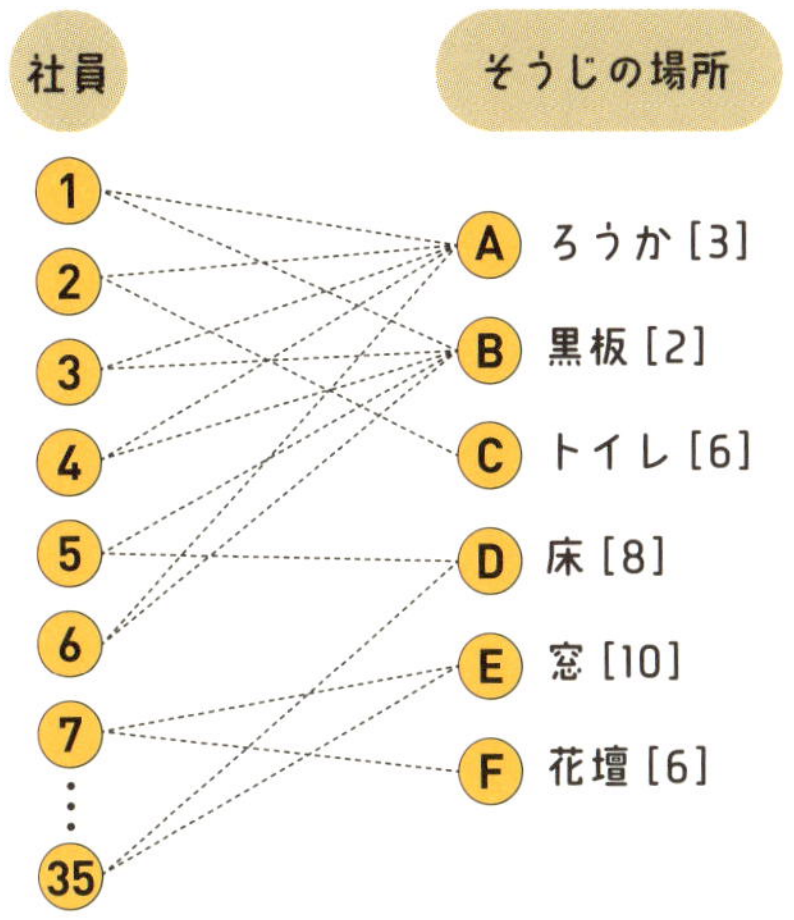

さて、研修参加者を上から順に見ていき、希望どおりの割当て（人数内）ができる者に対しては、どんどん割り当て、「破線→実線」に変えていきます。

29ページの図2は、最初の5人の研修参加者に対して割当てを終えたところを表しています。

ここで6人目の研修参加者を割り当てようとすると、希望の場所Ⓐ、Ⓑはすでに満員になっているため、割り当てられません。このとき、あきらめないで次のことを試みます。

6人目の研修参加者から出発し、破線をたどって右へ行き、今度は実線を通って左へ行くという操作をくり返し、まだ満員になっていない場所まで行くルートを探します。

図2のケースでは、

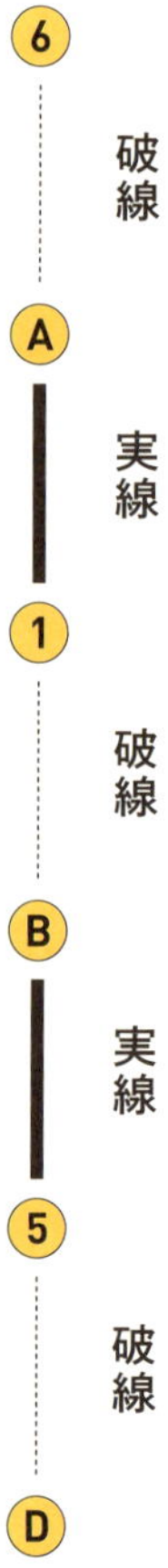

というルートが見つかります。

このようなルートが見つかったら、そのルートの中のすべての実線と破線を入れかえます。その結果が図3です。このルートは破線から始まって破線で終わっていますから、破線と実線を入れかえることによって、実線が1つ増え、破線が1つ減ります。ですから、研修参加者の希望通りの割当てが1つ増えたことになります。

あとはこの操作をくり返すだけです。すなわち、まだ希望通りの割当てができていない研修参加者から出発して、破線と実線を交互にたどり、「満員となっていない場所へ至るルート」を探し出します。そのようなルートがあれば、破線と実線を交換することによって、その研修参加者の希望を満たすことができるのです。

もし、そのようなルートがなければ、すでに希望のかなえられている研修参加者を減らさないかぎり、その人の希望をかなえることはできないということです。

図2　社員①～⑤は割り当てられたが、⑥で行きづまった……

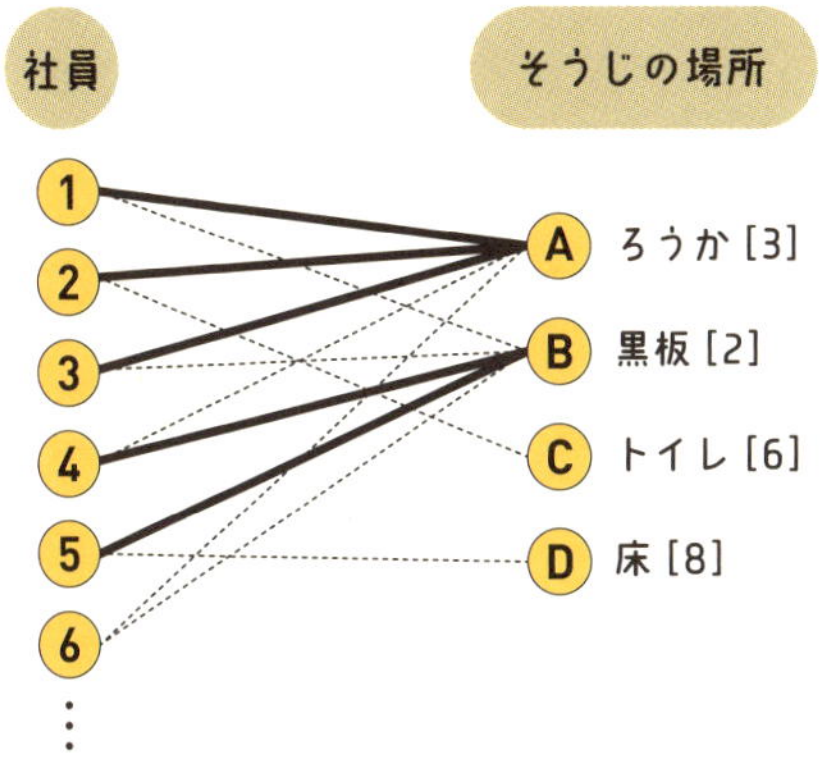

図3　社員⑥の希望もかなえる割当て法

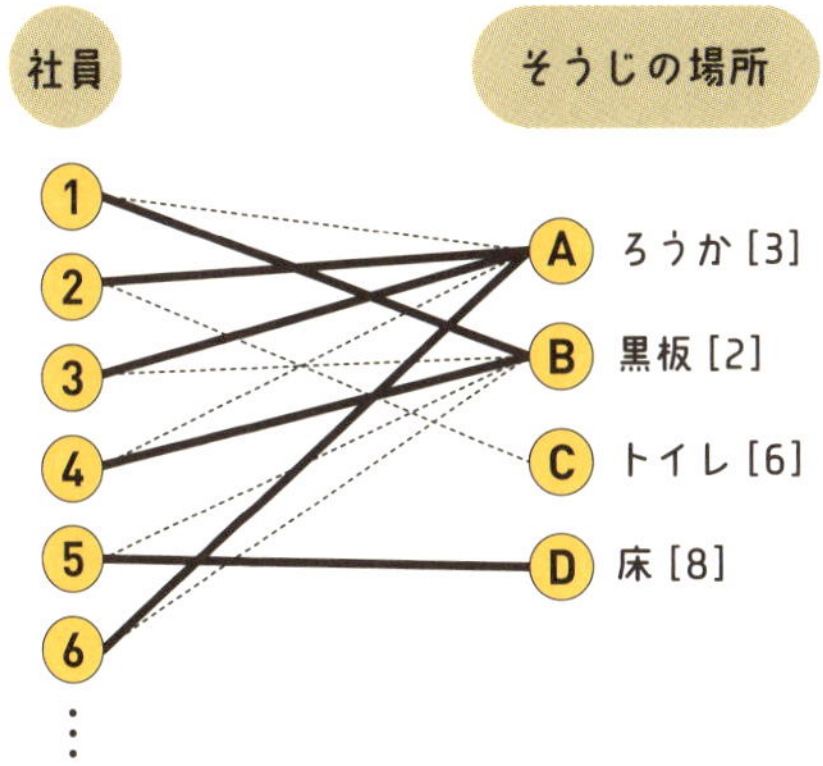

次善の策を探る「配置問題」

この操作をすべての研修参加者に対して順に進めていくと、「最も多くの人の希望を満たす割当て」が得られます。この時点で、希望の満たされない人が残っていたら、「すべての人の希望を満たす割当てはない」ということであり、あとは話し合いなど別の方法をとらなければならないとわかります。

条件に合うように人を配置する問題は、**「配置問題」「割当て問題」**とも呼ばれ、むずかしい問題であることがわかっています。しかも、いま述べたように必ずしも答えがあるとは限らないのです。

このように、必ずしも答があるとは限らない問題に対しては、「答がないことの確認」と、その際、できるだけ多くの人の希望を満たす「次善の答」が得られることも、数学の威力といえるでしょう。「スウガクはとても役に立っている」と思いませんか？

よけいな情報がミスを防ぐ？

――簡潔明瞭が常にベストとは限らない

［キーワード］情報の冗長性

話が長くてまとまりがないと「冗長だ、もっと簡潔明瞭にしなさい」と叱られます。けれども、コンパクトにしすぎると、相手に誤解を与えてミスにつながることもあります。このため、ある程度の「冗長さ」をわざと挿入することでミスを減らすこともあります。

例として、人との待合せを考えてみましょう。相手がよく知っている人で、いつもと同じ場所で待ち合わせようというなら、場所を間違える心配はないでしょう。

しかし、初めての場所で待ち合わせる場合、そうはいきません。地図(Google MAPなど)で「ココ！」と示せればかんたんですが、言葉だけで場所を説明するとなると、なかなか正確には伝わりません。「中野のサンモール商店街を歩いて、すぐ右に……」と言っても、中野駅に降りたことがないと、改札口はいくつあるのか、その商店街は北口なのか南口なのか、商店街は駅から近くなのか少し離れているのかなど、不安だらけです。こんなとき、待合せ場所を間違わないで示すコツは、必要最小限の情報だけですまさないで、「余分な情報もできるだけ付け加える」ということです。

たとえば、「R駅の西口の改札を出て、左の階段を降りたところで待ち合わせたい」としてます。場所を指定したほうは「R駅、西口改札、階段、降りたところ」まで伝えているので十分と思っているかも知れません。けれども、R駅には西口のほかに東口もあり、どちらの改札を出ても、左と右の両方に降りる階段があるとしたら……。

その場合、①西口と東口を間違える危険性、②左の階段と右の階段を間違える危険性など、いくつかの間違える要素があります。間違えたら階段はなかった……というのであればいいのですが、間違えても「改札」があり、「階段」もあるとしたら、その間違った場所でずっと待ち続けることになりかねません。

この場合、少し余分な情報を付け加えてみます。

「R駅の西口改札を出て、左の階段を降りたところにパン屋さんがあります。その前で」と言いかえてみると、どうでしょうか。この場合、西口と東口、左の階段と右の階段を間違えてしまったとき、肝心のパン屋さんがなければ「間違えた！」と気づく可能性が

高くなります。つまり「パン屋さんの前」という、余分な情報を1つ入れたおかげで、間違いをチェックできたわけです。「パン屋さんは他にもありそうだ」と心配なら、「『セイブンドー』という老舗のパン屋さんがありますよ」と伝えればさらに大丈夫でしょう。

情報伝達の誤り発見、訂正可能になる技術

これは、情報を送るとき「冗長性をもたせると誤りが検出しやすい」という原理に基づいた考え方です。たとえば「1359」という数字を送りたいけれど、通信の途中でまれに間違って送られるという状況を考えてみま

しょう。そして送られてきた情報が「1379」だったとします。これを受け取った人は、「1379」という情報だけでは、それが正しく送られてきたデータかどうか、チェックのしようがありません。

そこで単純に「1359」と送るのではなく、2回ずつ同じ数字をくり返して「11335599」と送ることにしたとしましょう。このときに受け取った情報が「11337599」であったなら、1、3、9は正しいだろうと予想できますが、3つ目は5か7か定かではありません。いずれにせよ、通信途中で「誤りが生じた」ことは判断できます。つまり、2つずつデータを送ることで「誤りを検出できた」のです。

さらに、同じ数字を今度は3回ずつくり返し、「111333555999」を送ったとしましょう。受け取った情報が「111333575999」なら、誤りが1か所あり、先ほどと同様に「3つ目の数字に誤りがある」とわかるだけでなく、送りたかった情報は「7は誤りで、おそらく5のほうが正しいのだろう」と判断できます。すなわち、誤りを検出できるだけでなく、「訂正できる」ようになるのです。

このように少し余分な情報を加えることで、間違ったときにもそれに気づき、さらに余分な情報を加えることで、その間違いを訂正することもできるようになります。

イベントを案内するチラシに、「12月10日（火）開催」などと「日にち＋曜日」で書くことがよくあります。12月10日が何曜日かは、カレンダーを見ればわかる余分な情報ですが、曜日を追加することによって、チラシのプリントミスに気づいたり、自分の記憶違いを防げたりと、情報伝達の信頼性が高まるのです。

待合せの場所を知らせるときにも、余分な情報だからといって省かないで、使える目印はできるだけたくさん伝えるほうがよいでしょう。

「余分な情報」を加えることで誤りを検出したり、訂正したりする仕組みは、「**誤り検出符号**」、あるいは「**誤り訂正符号**」などと呼ばれています。情報通信の信頼性を高めたい場面に一般的に使われている技術です。このような誤り検出法は、身近にも利用されています。たとえば、本書のカバーや奥付にはISBN番号というコードが振られていますが、その最後の数値は、1つ前までの数値の誤り検出のために付け加えられている数値（チェックデジット）です。銀行の口座番号も最後の数値はチェックデジットです。

このように、身の周りにも多数の誤り検出・訂正のための「余分な情報＝冗長データ」が追加され、間違いのチェックに利用されているのです。

質の異なるものをどう比較する？

──便利な「つりがね曲線」というツール

［キーワード］正規分布・偏差値

　会社で賞与を出す場合、どこの会社にも査定基準はあるのですが、最後のサジ加減はどうしても印象になってしまいがちです。こんなとき、できるだけ客観的な評価の基準がほしいですね。とりわけ、営業部でナンバーワンのAさん、マーケティング部でナンバーワンのBさんのように、異なる部署でトップ同士の場合、どちらを社内的にトップと見るか、それによって賞与ナンバーワンも決まったりすることがあり、そんなときにはなおさらです。

　たとえば、営業部の中での相対的な評価が、Aさんを10とすると、他が8、7、5……のような評価になる場合と、マーケティング部でのBさんの相対的な評価がBさんを10としたとき、他が5、3、2……となる場合では、「Bさんのほうが全社的には上だろう」

と見ても不自然ではないでしょう。

このように、同じ土俵で比べられないけれど、なんとか比較評価をしないといけないケースはいろいろあります。それを印象ではなく、何らかの数字の根拠で評価したいのですが、そんなことはできないものでしょうか。それがこの項でのテーマです。

異質のものの比較には「偏差値」を使う

たとえば、魚釣り大会、きのこ狩り大会を社内親睦会として実施したとします。本来であれば、それぞれの優勝者にカップを進呈したいところですが、社内には優勝カップが1つしかなかったとすると、さて、魚釣り大会1位、きのこ狩り大会1位の人をどのような基準で比較すればいいか、ということを考えてみましょう。

これは本来、「異質のものを比べる」ことなので、とてもむずかしい課題ですが、方法がないわけではありません。それは「偏差値」という道具で比べる方法です。

偏差値の計算はかなりややこしいので、なぜ偏差値を使うと比較できるのか、その基本的な考え方だけ図を使って説明してみましょう。

まず、魚釣り大会に参加した人は、自分が釣った魚の重さの和を計算します。それを0kgから1kg、2kg……と分けて、その区間に何人いるかを数えます。そして、図1に示すように人数を高さにした棒グラフを描きます。このようなグラフは「**ヒストグラム**」と呼ばれています。

同様に、きのこ狩り大会に参加した人についても、自分が採ったきのこの重量を計ります。そして重さごとに分け、その区間の人数を数え、図2に示すようにヒストグラムに描きます。魚のほうが重いのはわかりきっていますから、魚釣りときのこ狩りの両者を混ぜ合わせ、そこで単純な重さ比較をすることはできません。

図1　魚釣りに参加した人の成績の分布

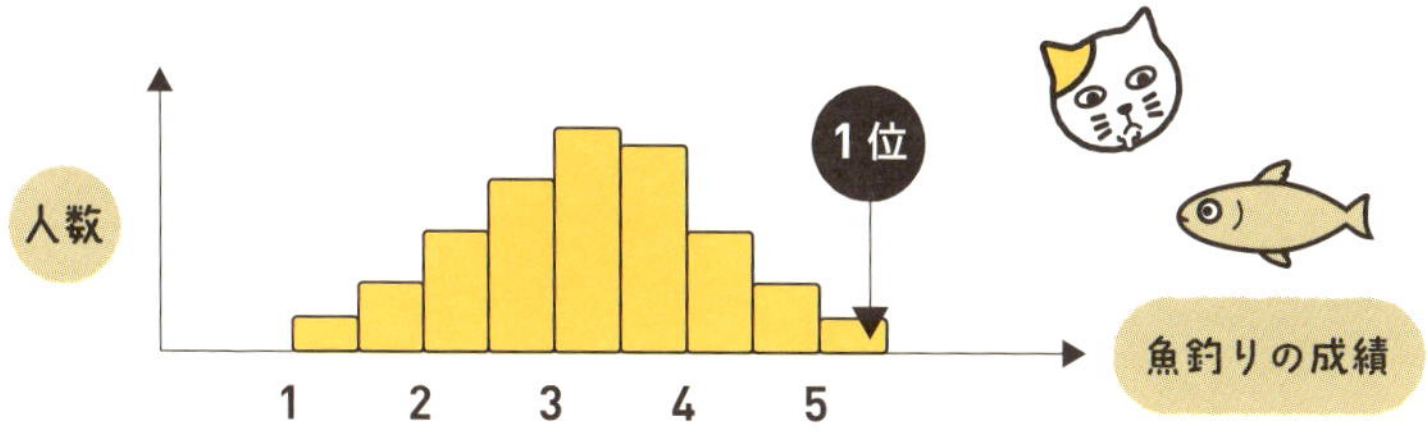

図2　きのこ狩りに参加した人の成績の分布

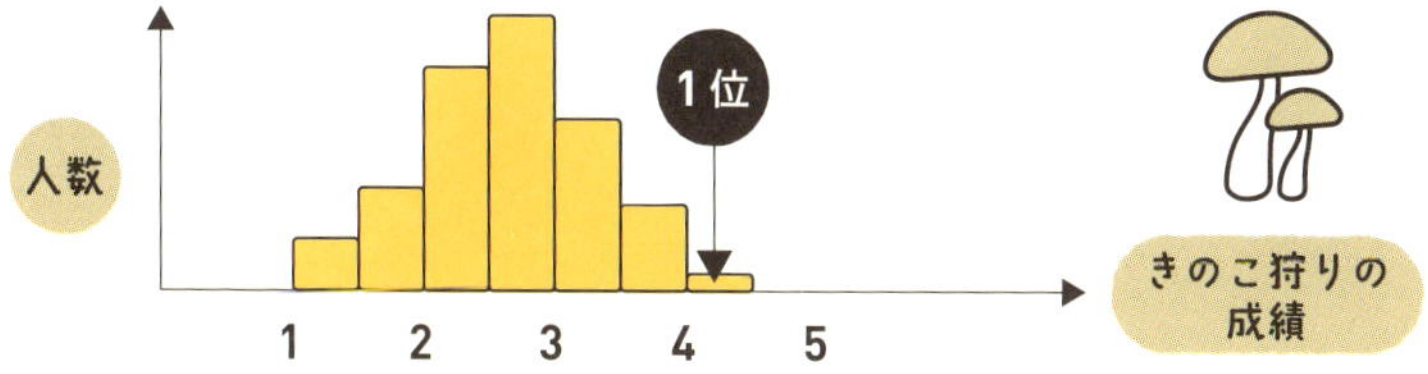

つりがね曲線にグラフを合わせる

図1（魚釣り）と図2（きのこ狩り）の例では、1人あたりの取れた重さは、魚釣りの人のほうが、きのこ狩りの人たちより大きいですね。また魚釣りをした人で見てみると、釣った魚の重量が少ない人から大きい人まで、かなりバラツキが大きいこともわかります。それに対して、きのこ狩りをした人の場合は、それほど大きなバラツキはありません。こんなふうに2つ

図3　つりがね状の曲線で2つのグラフを覆ってみる

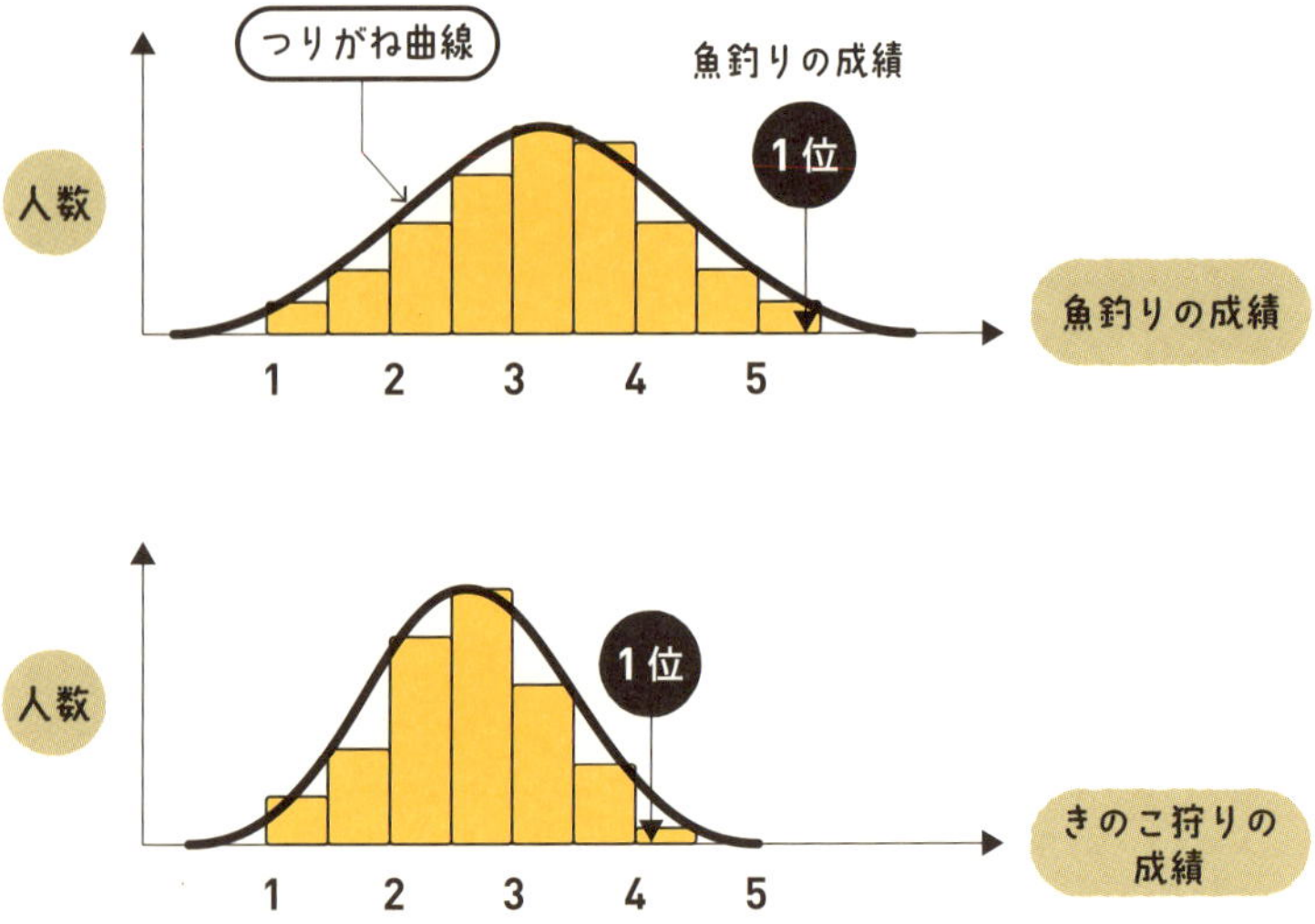

のヒストグラムを見ていると性質が大きく異なっていることを確認できます。

これらを比べるために、まず、上の図3に示すように、グラフによく当てはまる「つりがね状の曲線」を見つけます。次に、図4に示すように、つりがね曲線の一番高いところが一致するようにグラフを平行移動します。最後に図5に示すように、縦軸方向と横軸方向にそれぞれ一方を拡大・縮小し、2つのつりがね曲線がぴったりと合うようにします。

図4　2つのグラフのいちばん高い地点を合わせる

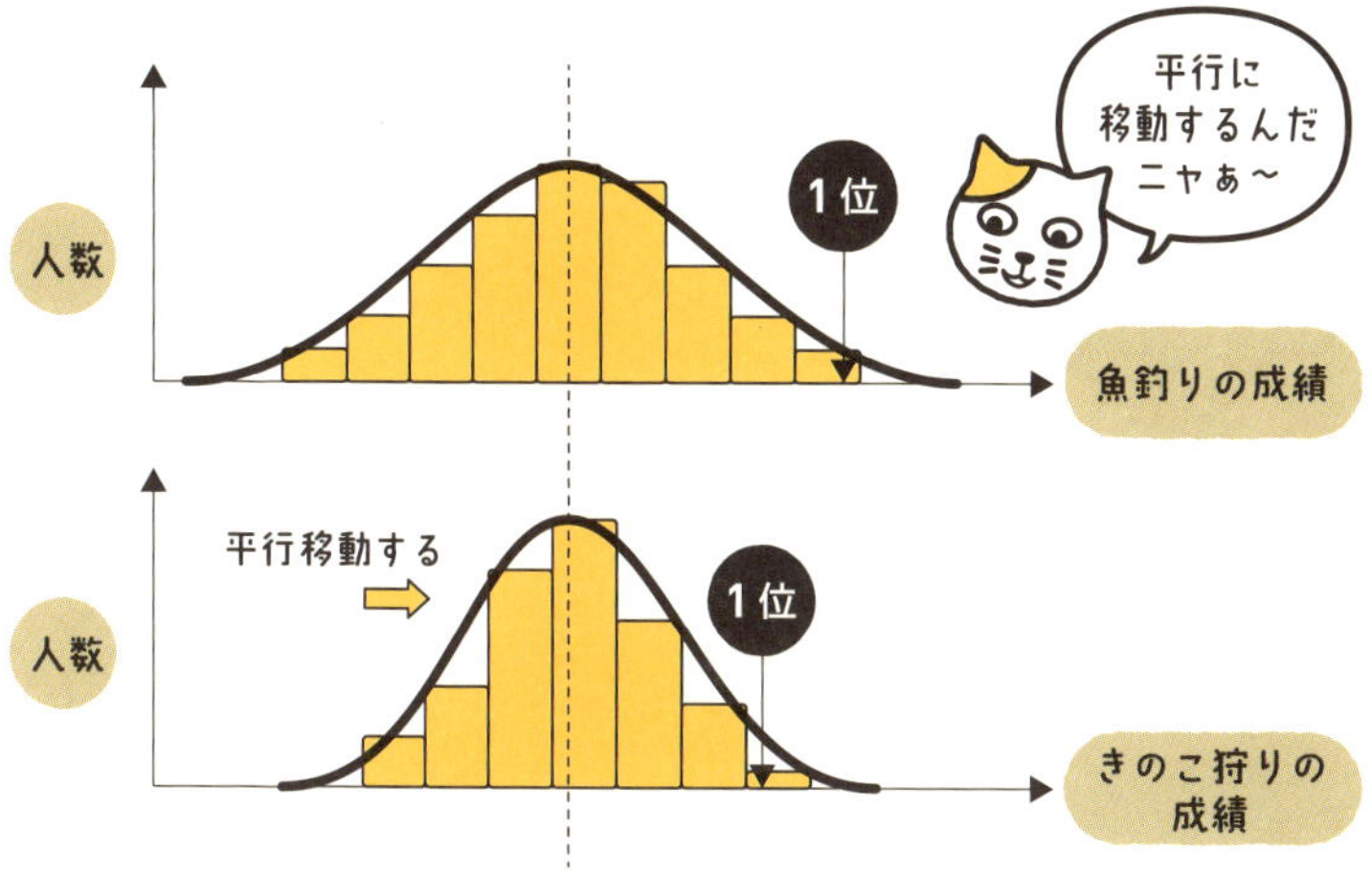

図5　2つのつりがね曲線を合わせる

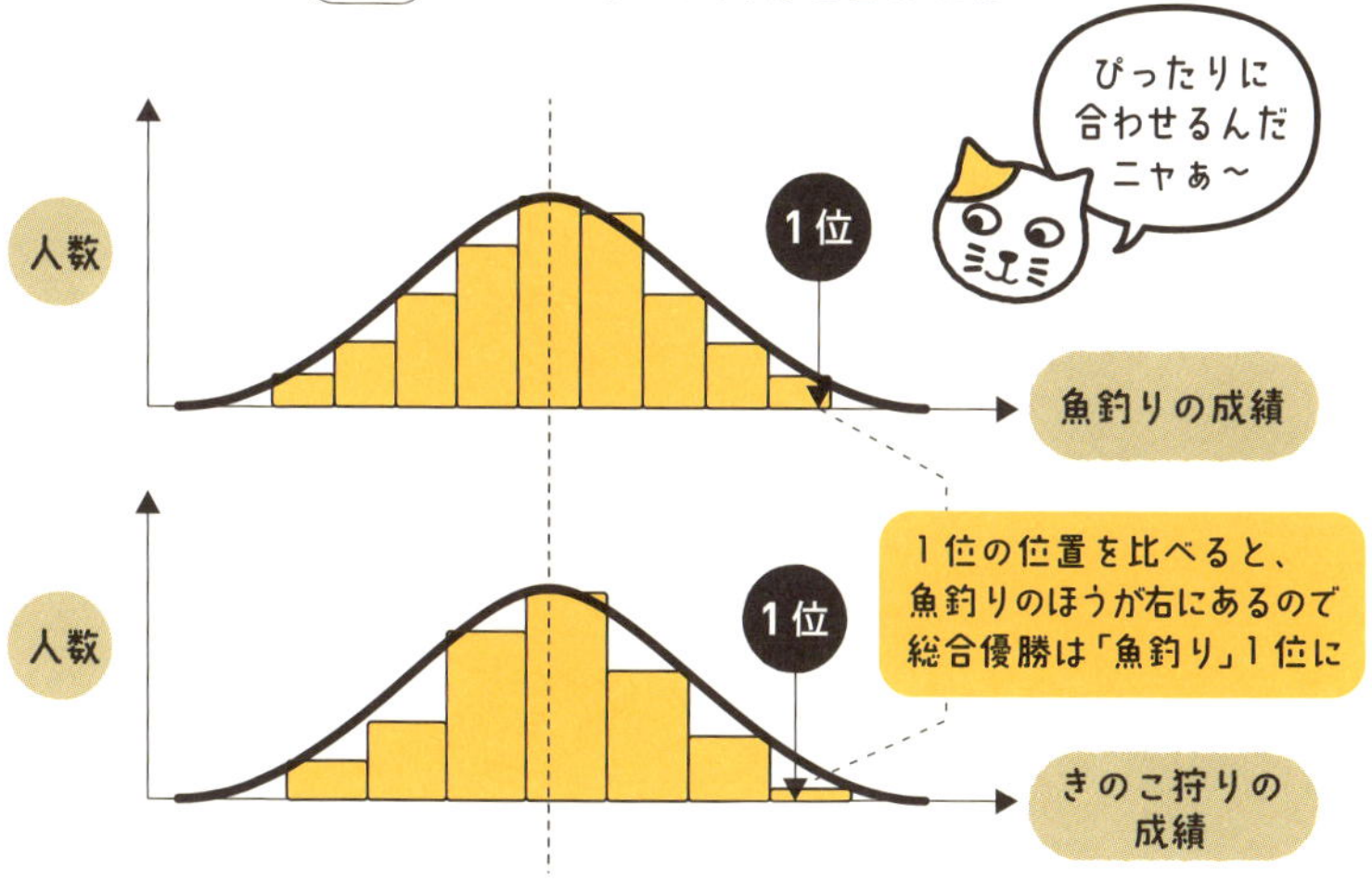

図6　できた！ これが正規分布の曲線

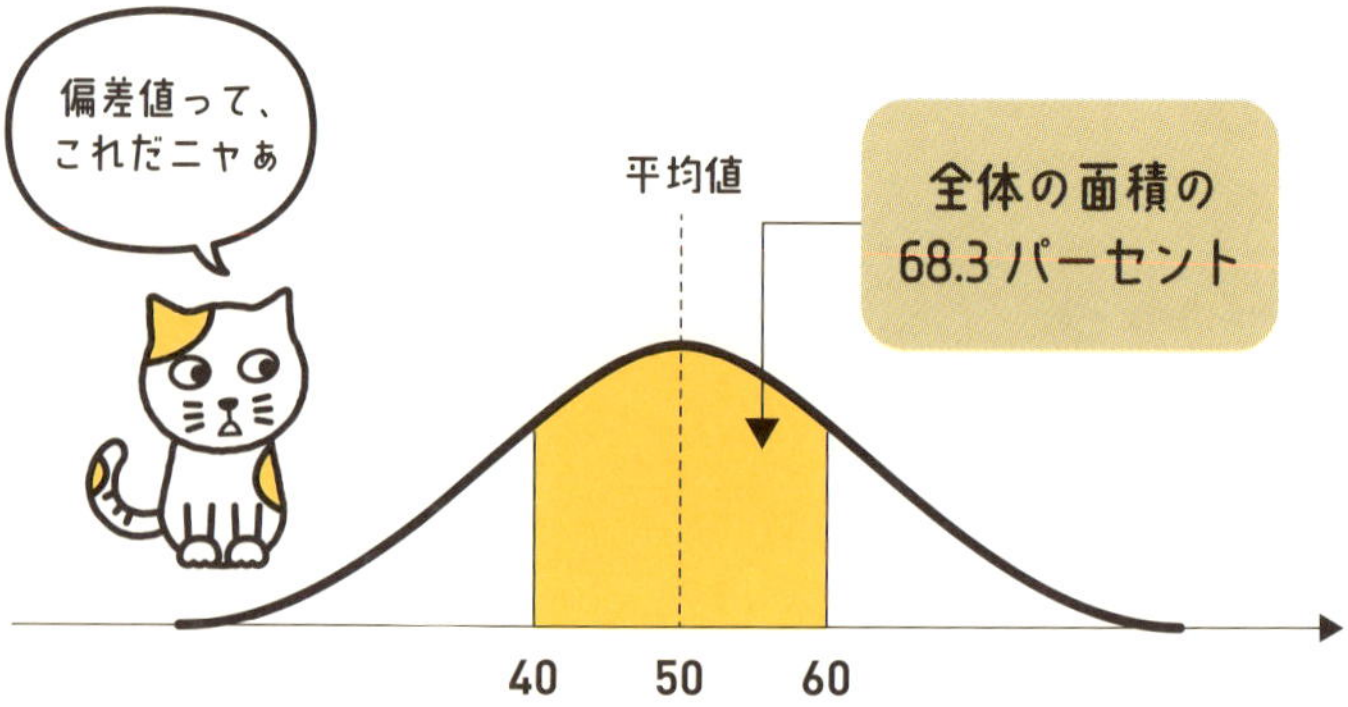

ここで、図3〜図5までの変形の際に、図1、図2のそれぞれの1位の場所がどのようにずれるかも記録しておきます。そして、最後の図5において、より右にある1位の人を、魚釣り、きのこ狩りの2競技を合わせた全体の中での優勝者とする、と考えるのです。

偏差値と正規分布曲線

この方法は、魚釣りに参加した人の腕前も、きのこ狩りに参加した人の腕前もほぼ同じで、自然にバラついているだろうという前提に基づいています。もしこの条件が成り立つなら、そのヒストグラムは、左右対称の山形（つりがね状）の曲線であてはめることができる、と考えるわけです。

あてはめたあとは、平行移動と拡大・縮小で2つのつりがね曲線を重ね合わせれば、同じ形のつりがね曲線になり1位同士を比べることができるという考え方です。だいたい理屈はおわかりになったでしょう。

図6に示すように、つりがね曲線の中央を50とし、面積68・3％をはさむ左右対称の位置を40と60とするように目盛りを打ったものが「**偏差値**」と呼ばれるものです。偏差値の数値が大きいほど、集団全体から離れて「飛び抜けた存在」ということになります。ですから、図5では、1位どうしの偏差値を比べているわけです。

なお、ここで「つりがね曲線」と呼んだ曲線は、裾野の広い山の形をしたなだらかな曲線で、「**正規分布曲線**」と呼ばれています。さまざまな現象で現われる代表的な分布曲線です。

仲の悪い人を隣同士にしないために

——パーティでの席の決め方はビジネスでの必須知識

【キーワード】グラフの理論

世の中には、仲の良い人もいれば、仲の悪い人たちもいます。そんな仲の悪い人同士を会社の創業記念パーティや社長就任式典にお呼びして、1つの丸テーブルに座ってもらうとなると、とても神経を使います。ヘタをすると、お呼びした企業の社長がヘソを曲げてしまい、あとあと取引にも悪影響を及ぼすかも知れないからです。もし、あなたがその担当者になったら、どんな策を考えますか。

そんな場合には、好ましさ（あるいは嫌い度）について、いくつかのレベルに分けると考えやすくなります。たとえば、次の5つのレベルに分けてみましょう。

❶絶対、隣同士にしてはいけない
❷できることなら、隣同士にしないほうがいい
❸隣同士になっても、ならなくてもいい
❹隣同士になるほうが好ましい
❺隣同士になることが絶対的条件

最後の❺は同じ会社のオーナー、その子息などのケースです。ここで、パーティの参加者1人ひとりを丸印の中に名前を書いて表し、2人が隣同士になる場合の好ましさのレベルを、2つの丸印を結ぶ「線の太さ」で表すことにします。

いま、A〜Gまで7人の参加者が同じ丸

図1 隣同士になる「好ましさ」をグラフで表してみた

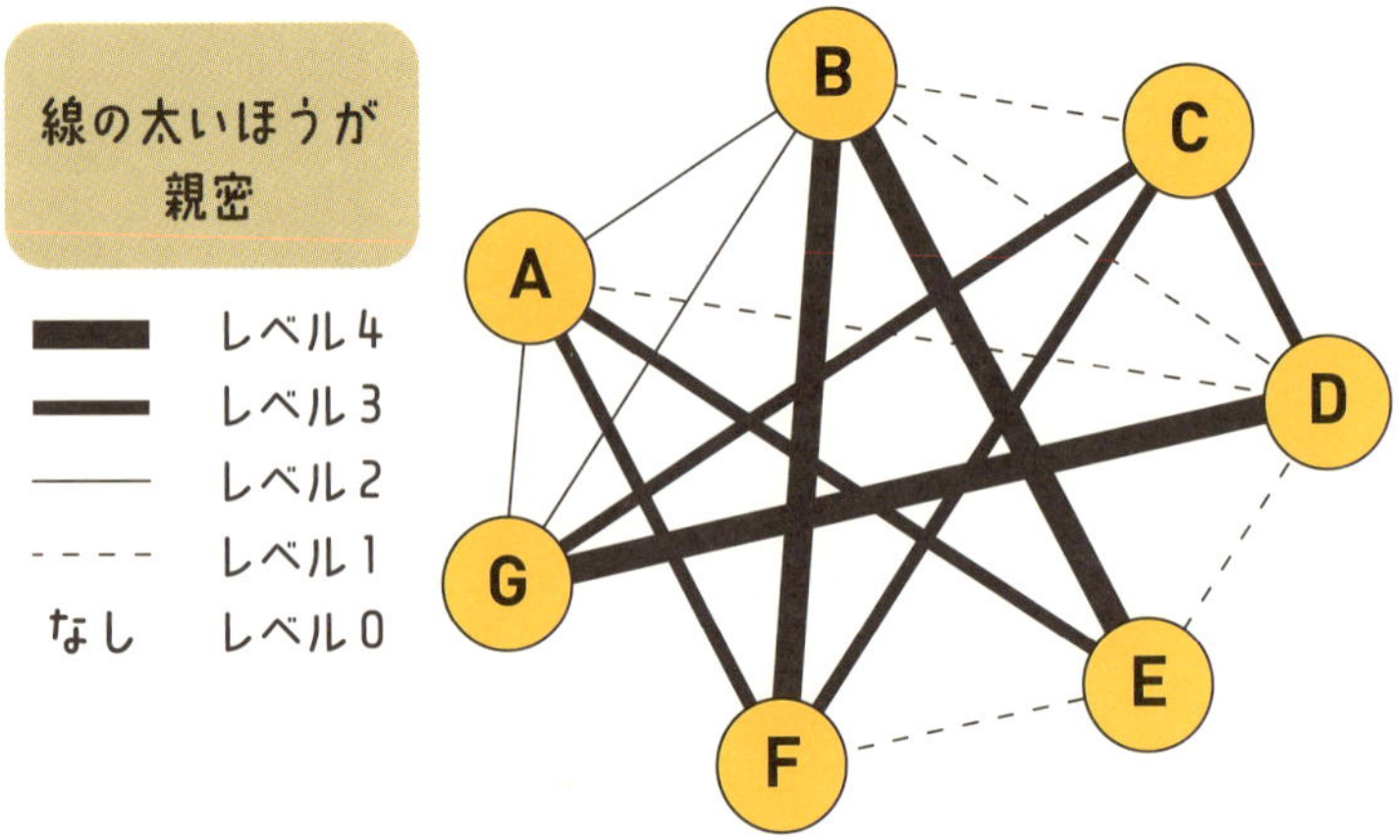

テーブルに座るとして、その中の2人が隣り合う好ましさが図1のように表せたとします。

線の太いものを選ぶ

このような構造は「**グラフ**」と呼ばれ、丸印はこのグラフの「**頂点**」、線はこのグラフの「**辺**」と呼ばれます。そして、辺を順にたどって元へ戻るたどり方は、このグラフの「**サイクル**」と呼ばれます。このような図を描いたら、すべての頂点をちょうど1回ずつ通って元へ戻るサイクルで、途中の線ができるだけ太いものを探します。

図2　太い線で元へ戻るサイクルを探す

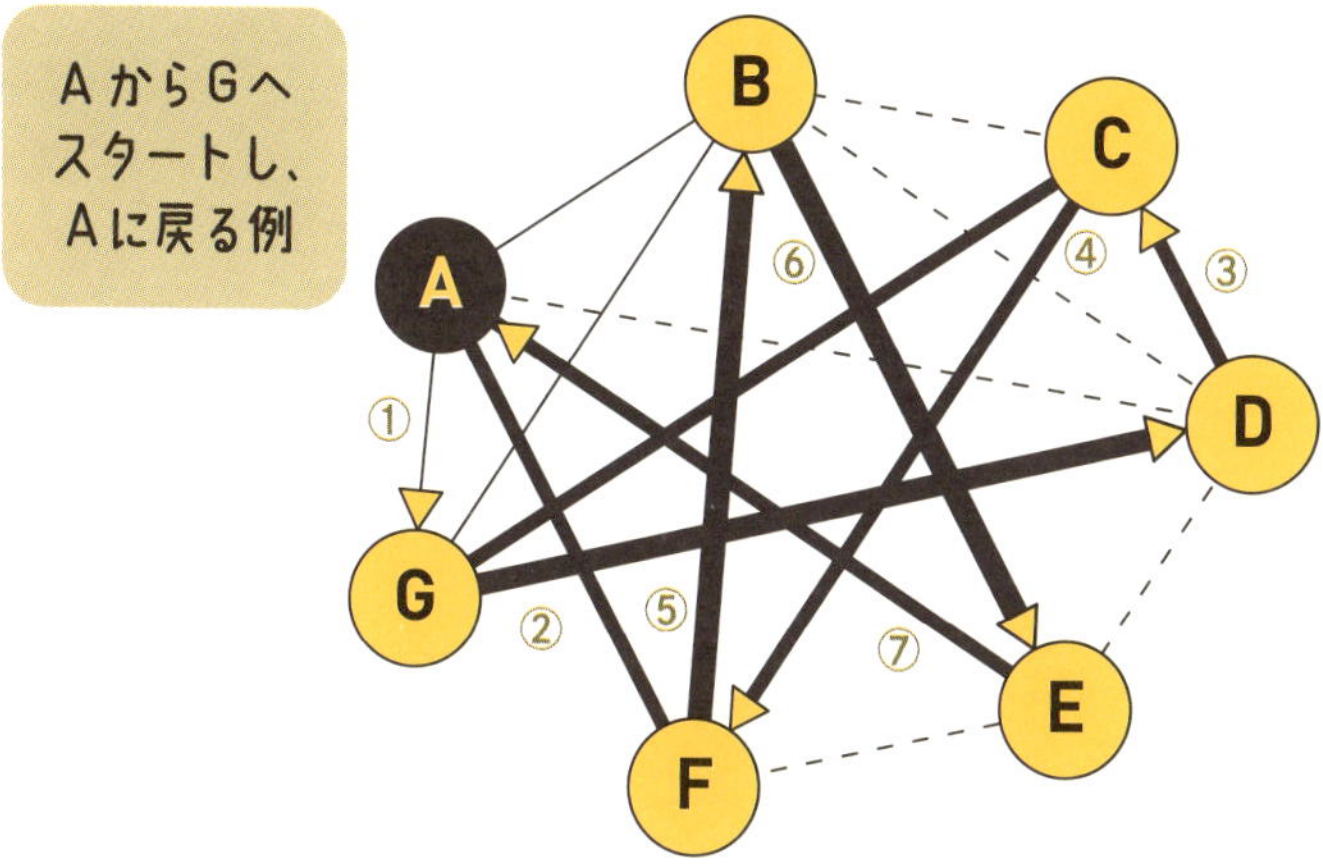

この場合、図2に示すように、

A、G、D、C、F、B、E、A

とたどるサイクルの線の太さの合計が、

2＋4＋3＋3＋4＋4＋3＝23

（最初の2は、AとGを結ぶ線の太さ、次の4は、GとDを結ぶ線の太さ、など：図1の線の太さのレベル参照）

と大きい値を取ります。そこで、図2のたどり方に沿ってテーブルをぐるっと囲むことにすると、図3のような席順が決まります。この席順で隣り合う人は太い線で結ばれていますから、望ましい席順となるでしょう。

図1を見ただけでは、太い線をたどることはむずかしいかもしれません。

図3 「図2」のサイクルで決まる席順

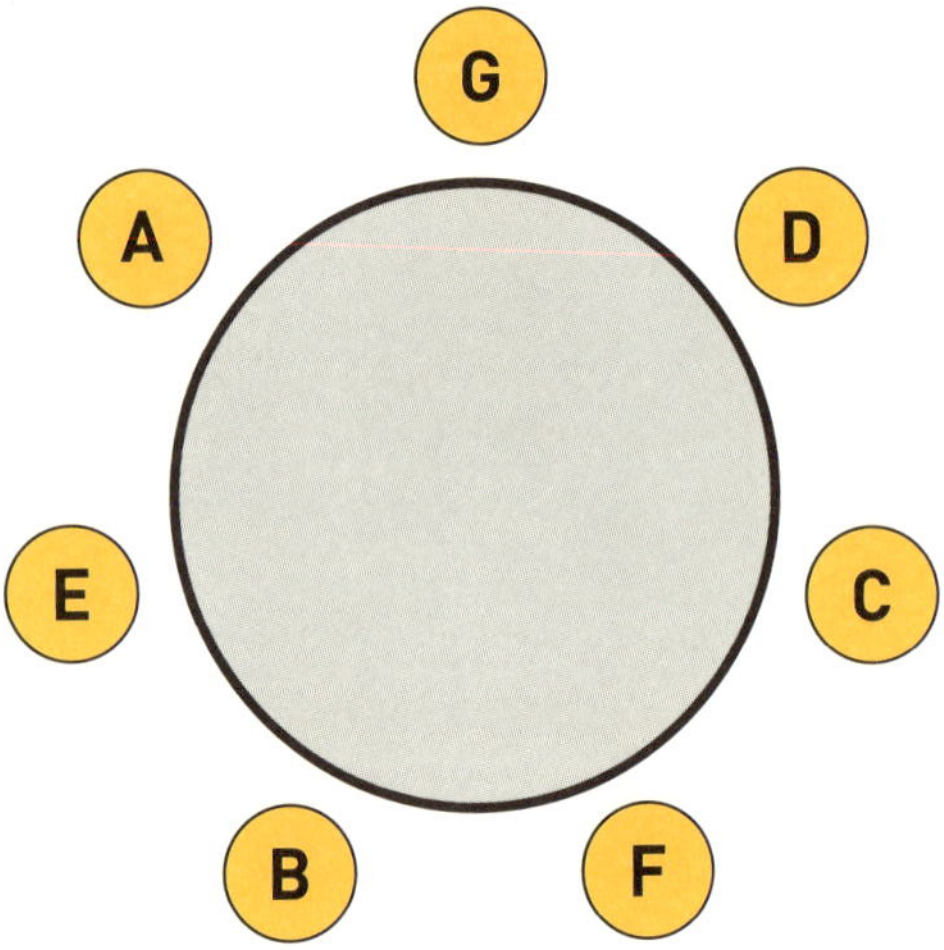

図4 レベル4、レベル3の太い辺だけからなるグラフ

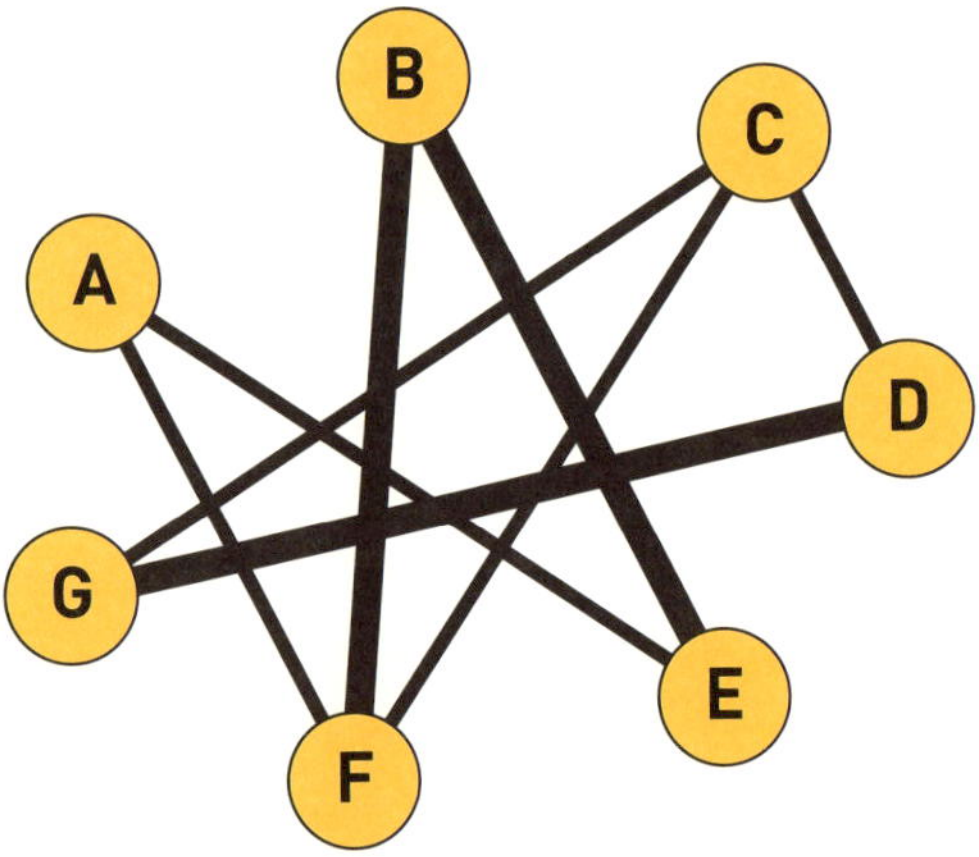

その場合は、全部の線を描かないで、太い線だけを描いた図で考え、線が足りなかったらもう少し細い線も書き加えることを繰り返しながら考える手もあります。

まず図1から、太さ4の線だけを残します。これだけでは1つのサイクルで全部の頂点をたどれませんから、太さ3の線も書き加えると、図4が得られます。まだ、1つのサイクルですべての頂点をたどれませんが、できるだけこのグラフの辺をたどり、どうしても足りないところだけ太さ2の線を使うことによって、図2のサイクルが見つかります。図1で考えるより、図4で考えるほうがわかりやすいでしょう。

2つのテーブルに分かれる場合

もし、2つのテーブルに分かれて座ってもよいのなら、図4の段階で座席を決めることができます。図4の辺を使うと、次のページの図5に黒の線と薄い黄色の線で示すように、すべての頂点がどちらかに含まれるように2つのサイクルを選ぶことができます。このとき、それぞれのサイクルを1つのテーブルの座席順に対応させることができます。その結果は、図6のようになります。

図5 「図4」に含まれる2つのサイクル

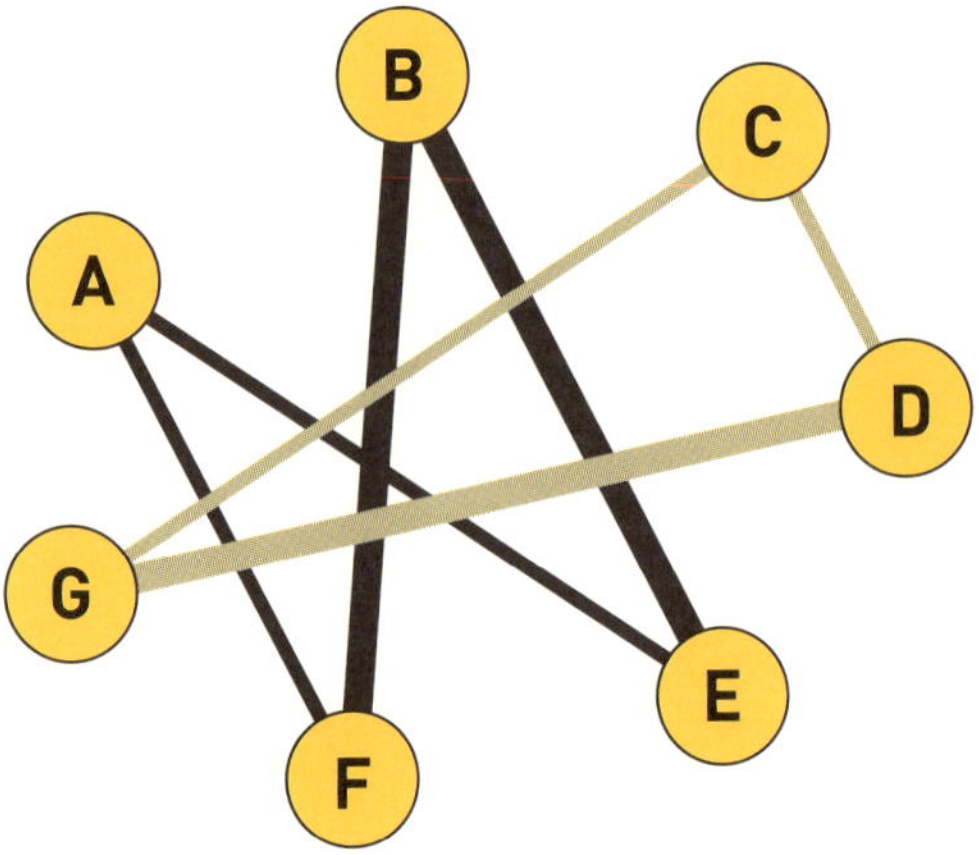

図6 「図5」から得られる2テーブルの席順

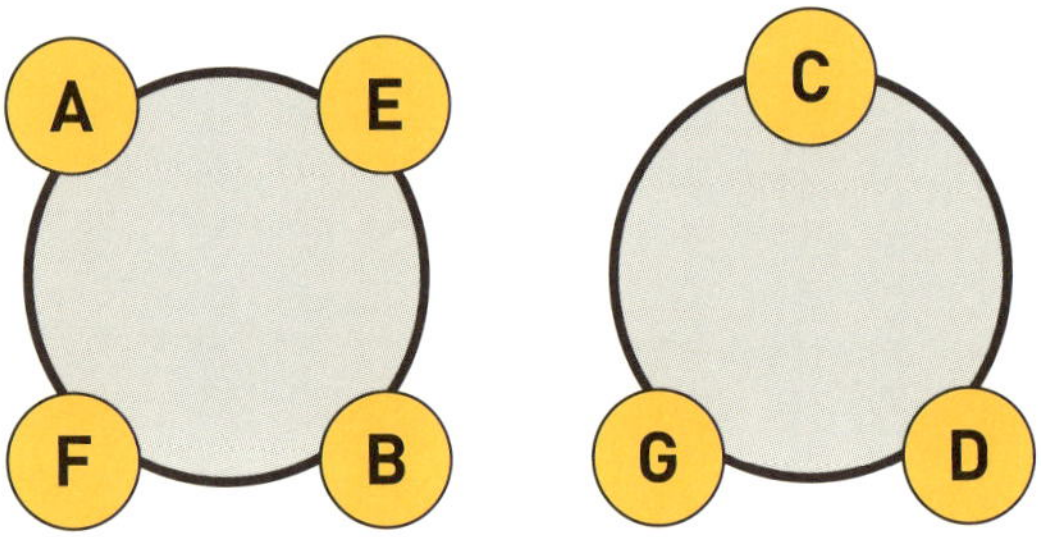

このように、隣り合うことの好ましさを「太さ」で表したグラフをつくり、できるだけ太い辺だけを含むようにサイクルを選ぶと、望ましい席順を得ることができます。

グラフの頂点の数が増えると、辺の太さの合計が最大となるサイクルを見つけることはむずかしくなります。だから、最大を探すことは諦めて、比較的太い辺で構成されるサイクルで満足することが、この方法を使うコツです。

「数学のグラフの理論？　超難解だよ」という人もいますが、こんな身近なことにもすぐに使えることを知っていると、スウガクの使い道が広がり、楽しみが倍増しますね。

早すぎてもダメ、賢い陣取り法
――最終的な混み具合を予想し、間に割り込まれない距離で

［キーワード］数理モデルで解く

春になると、会社では新入社員の歓迎会を兼ねて、お花見を開く会社も多いと思います。こういう場合、早めに足を運ぶことが必要ですが、最初はいい場所を確保できたと喜んでいても、後から来たグループがすぐ近くに割り込んで来たために、最後は窮屈な思いをした……ということもあるでしょう。

ということは、単純に「早く場所を押さえればよい」ということでもなさそうです。最後のお開きになるまで、あまり窮屈にならない「究極の場所取り法」というのはないものか、それを考えてみることにしましょう。

まず、公園へ花見に来たグループが到着順に好きな場所を選んでいきますが、新しく到着したグループがどこに席を取るかは、まったくのデタラメではなく、実は1つの傾

向があります。それは公園に来たとき、「そのの段階で、比較的スペースの空いているところを選ぶ傾向がある」というものです。それは日常的にも経験があることでしょう。自由に席を選べる広い会場があったとき、すでに見知らぬ人が1人だけ先に着席していたら、わざわざその隣に座ることはないでしょう。それと同じことです。

いま、公園を長方形とし、各グループが陣取った場所を点で表すことにします。そして、新しいグループはそれまでに陣取ったグループから「できるだけ離れた場所を選ぶ」と仮定します。つまり、すでに置かれた点を含まない円（これを**空円**という）で、最も大きなもの（**最大空円**）を見つけ、その中心に陣取ると仮定するのです。これは妥当な仮定と考えられます。このような仮定は、現象を表す「**数理モデル**」と呼ばれるものです。ただし、最大空円が2つ以上ある場合には、そのうちの1つをランダムに選ぶものとします。

このモデルに従って点を置いてみた例を図1に示しました。中央の点から始めて、この番号の順に点が置かれていきます。これを見ると、隣の点との距離が小さくて窮屈な場所があります。つまり、早く到着したからといって、最後までゆったりとした空間を確保できたわけではない、ということです。

一方、図1と同じ数の点を均等に並べた結果が図2です。図1と比べると、すべてのグループが同じぐらい離れているので、窮屈さは少ないといえるでしょう。

原則を踏み外す勇気

では、窮屈さを避けたければ、どういう場所を選べばいいでしょうか。それには、原則をわざと踏み外す勇気が必要です。つまり、到着した時点で「最も他から離れていて、ゆったりできる場所を選ぶ」という大原則をあえて捨てることです。そして、最終的な

図1　花見の会場に到着順に、最大空円の中心に陣取った場合

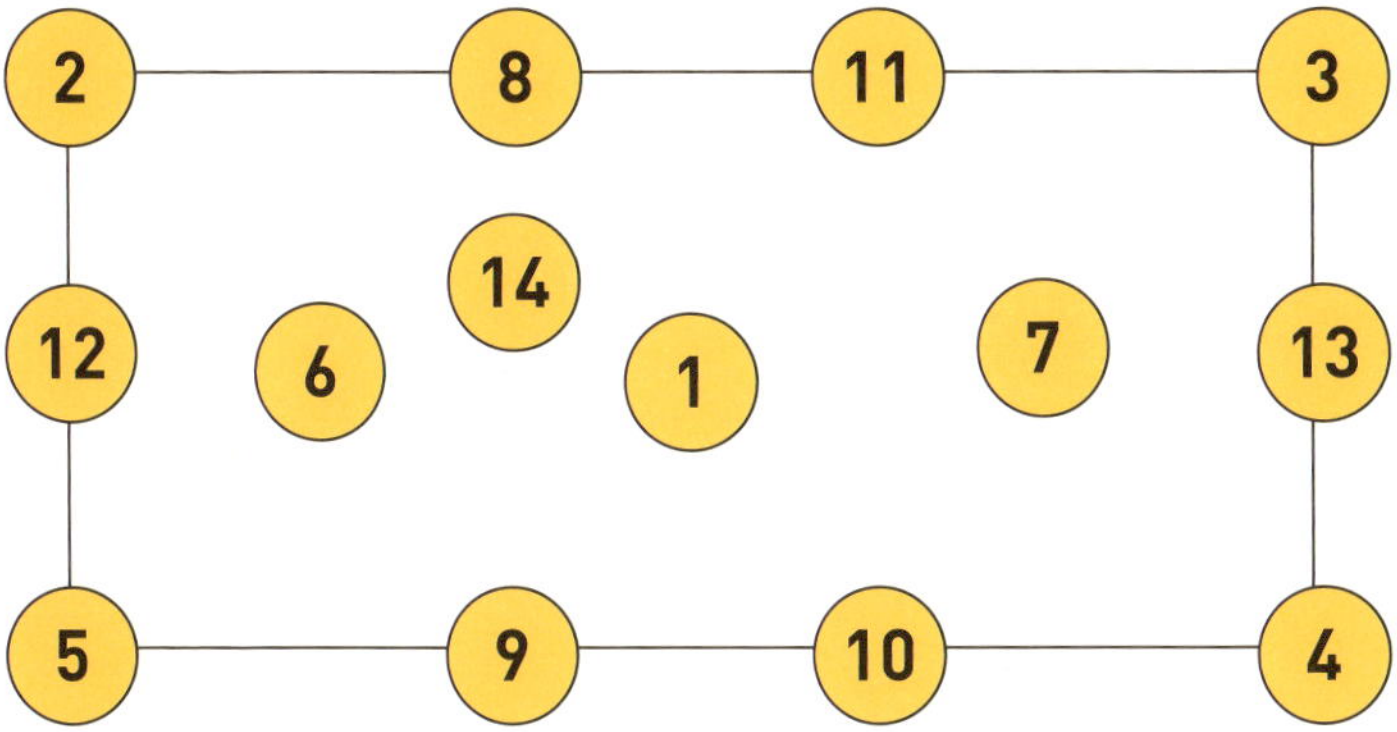

図2　最大空円の中心ではなく、均等に陣取った場合

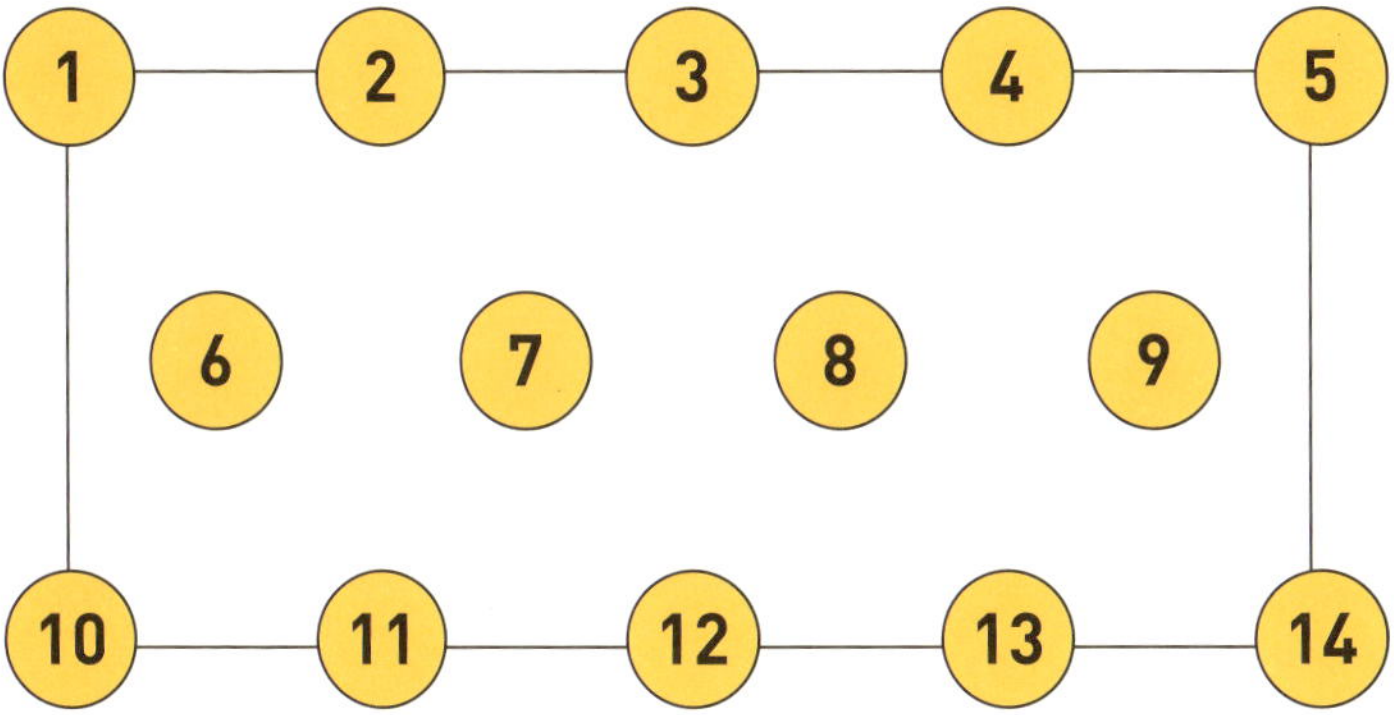

混みぐあいを予測し、後になってからも、これ以上、隙間に割り込まれることがないだろうと思われる距離だけ他のグループに近づいて陣取る、ということです。そうすれば、少なくともそちらの方向には、その距離のゆったりさを確保できます。

同じことは、電車の長いシートに座るときや、美しい夕日を眺めたくて海岸の堤防にカップルで腰かけるときなどにもあてはまります。

2章

毎日の生活で トクをする方法

欲しいお湯の温度をかんたん、正確につくる法

――宇宙は数学という言葉で書かれている

［キーワード］逆比の応用

問題

調理には温度管理が欠かせず、「お茶を入れるときには80℃ぐらい」「パン生地をつくるときには40℃ぐらい」という目安があります。でも、その温度にするのはとてもめんどうです。この望みの温度のお湯をかんたんに、しかも正確につくるアイデアはないでしょうか。

水やお湯の温度は、水温計があれば測れますが、水温計がなくても、さっと望みの温度をつくる方法はないものでしょうか。実は、とっても便利な方法があるのです。

2種類の温度のお湯や水を混ぜてできる温度というのは、混ぜる量の「**逆比**」で決まる、ということを利用します。まず、水がもっている次の性質を確認してください。

性質①：氷水の温度は0℃である（氷水とは、中に氷が浮かんだ状態の水のこと）

性質②：沸騰したお湯の温度は100℃である

「氷水は0℃、沸騰したお湯は100℃」ということですね。以下では、水に氷を浮かべて氷水をつくったあと、その氷は取り出して0℃の水だけにします。一方、100℃のお湯は、水を沸騰させてつくります。

沸騰水と氷水の割合を決めて混ぜる

いま、0℃の水、100℃のお湯をそれぞれ同じ量（1：1の割合）で混ぜると、61ページの図1のように、中間の温度である「50℃のお湯」ができますね。0℃と100℃のちょうど中間の位置（1：1）です。

では、「0℃の水1」に対して、「100℃のお湯3」の割合で混ぜると、どうなるでしょうか。水とお湯の分量が影響してくるので、図2のように、0℃と100℃の間を1：3に分けた温度となります。ですから、75℃の熱湯です。このように、混ぜた割合の逆の割合（逆比といいます）で、0℃と100℃を分ける温度が得られるのです。

なぜ温度が逆の割合になるかというと、混ぜる前と後とで、熱の総量が変わらないためです。これはたとえば100円をもった人が3人、0円の人（つまりお金をもっていない人）が1人いて、そのお金の合計を4人で分け合うと、1人当たりでは、

（100×3）÷4＝75円

になるのと同じ理屈です。

だから、a℃のお湯をつくりたければ、100℃のお湯を（a）、0℃の水を（100－a）の割合で混ぜればよいのです。

宇宙は「数学」という言葉で書かれている

水やお湯を混ぜたときの温度がどう決まるかは、自然界の性質です。ですから、数学

図1　100℃、0℃の水を同じ量だけ混ぜると50℃になる

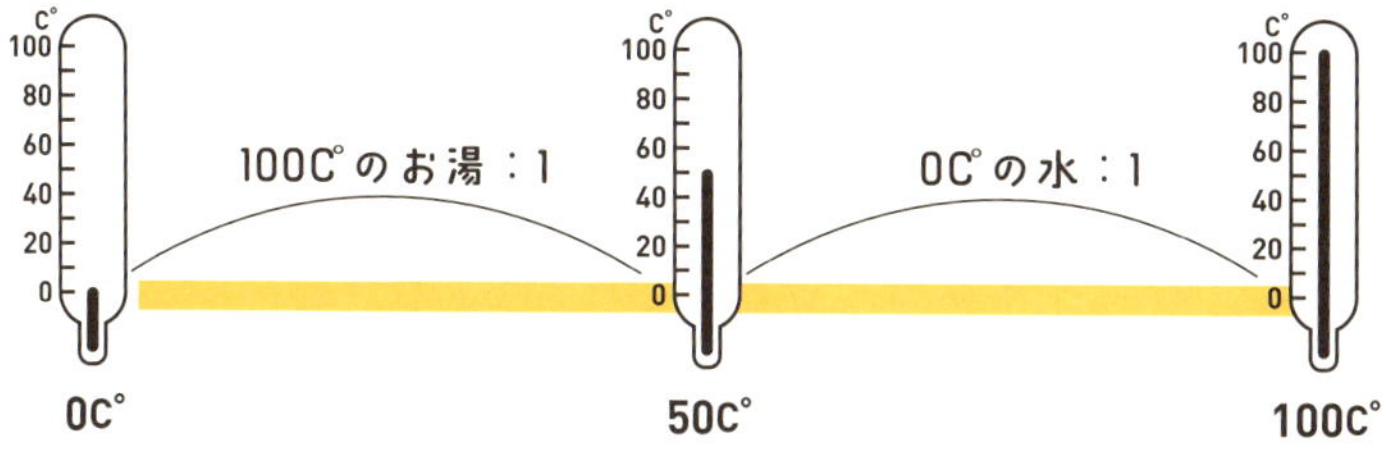

図2　100℃のお湯が3で、0℃の水1の割合だと……

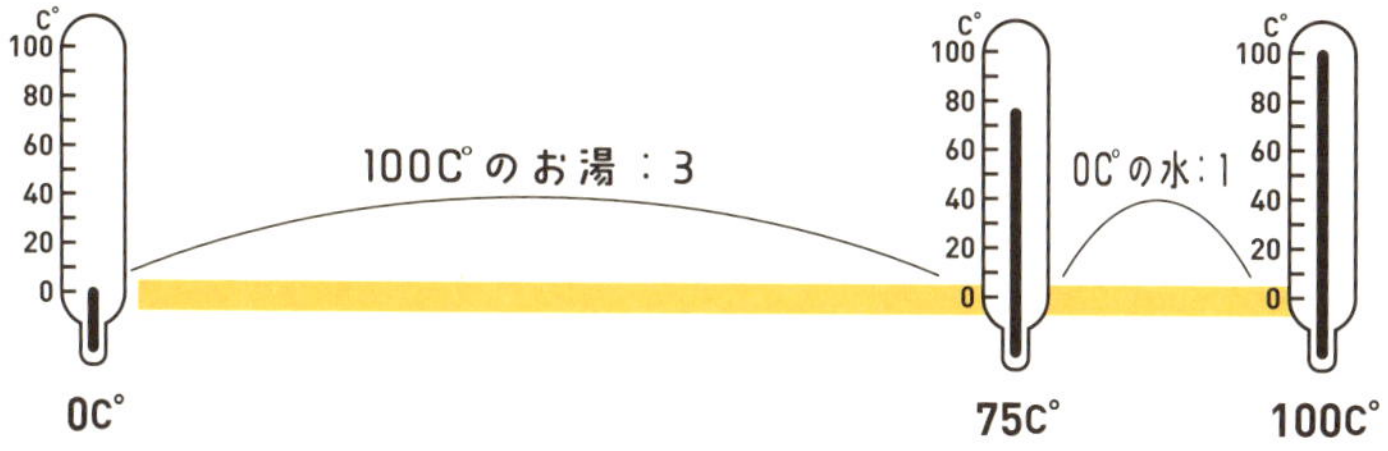

図3　つくりたいお湯の温度と量の関係は?

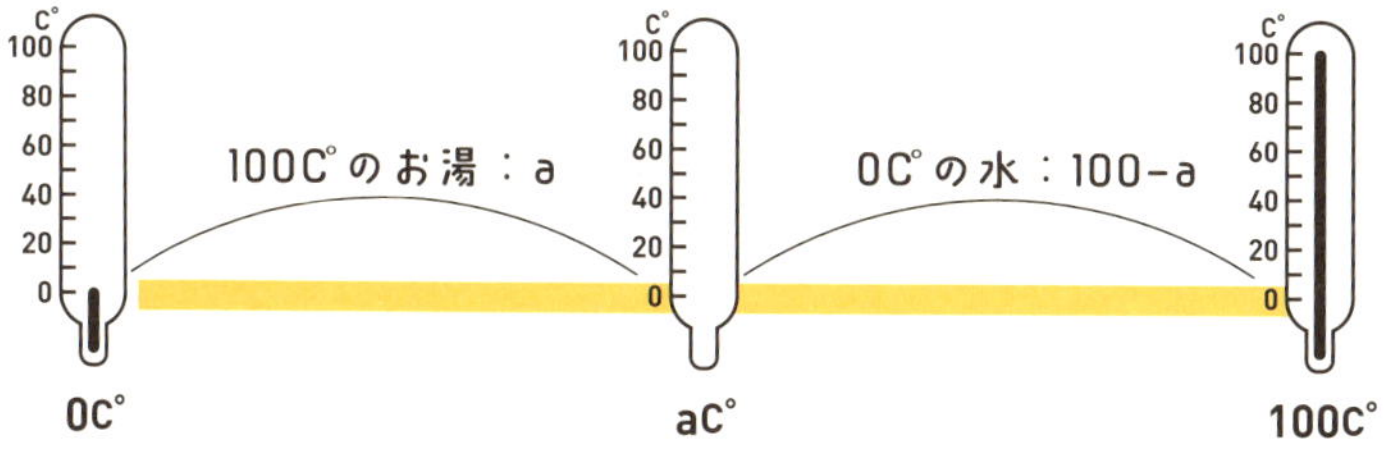

には本来、無関係な話です。けれども、ここで見たように、「自然界の性質を表すための言葉」としても数学は使えるのです。このように、数学は私たちの身の周りに起こる事柄を説明する力をもっています。16世紀に活躍したイタリアの科学者ガリレオ・ガリレイは、

「宇宙は数学という言葉で書かれている」

という名言を残しています。これは「自然界の法則は数学を使うことで的確に表現できる」ことを表したものといえるでしょう。宇宙まで大きな話をしなくても、スウガクを知っていると、調理場で必要な温度をすぐにつくれるなど、生活を便利にしてくれるのです。

聴きたいCDを素早く取り出すには

――コンピュータが実際に検索に使っている超効率的な方法

【キーワード】2分探索法

問題

CDの所有枚数が増えすぎて、聴きたいCDを探すのにとても時間がかかるようになった場合、コンピュータなどを使わず、できるだけ大ざっぱな整理で、探したいCDを早く見つけ出す方法を考えてください。

本は棚にたくさん並べてあっても、背表紙でだいたい見つけることができます。けれども、CDやDVDとなると背幅も薄く、タイトルを読み取って探し出すのはたいへんです。だからといって、パソコンでCDを管理するのはさらに面倒です。そこで、整理整頓にもスウガクの知恵を使ってみましょう。

多くのものの中から望みのものを早く探し出すコツは、「1つのルールを決め、全体を1列に並べておく」ことです。日付順、名前順などがすぐに浮かびますが、日付順なら数字なので小さい順に並べておけばよいし、名前順であれば「あいうえお順」（五十音順）とかアルファベット順に並べればよいでしょう。

数や文字を並べるとき、手がかりになるものを「**キー**」と呼んでいます。CDを日付順（購入日、発売日など）で並べるのは難しいので、ここでは「ミュージシャンの名前」をキーに選び、名前順で並べてみることにしましょう。あとは、その順番にCDラックや本棚に並べていきます。聴いたCDを戻すときにも、ちゃんと元の位置に戻しておきます。これが大事です。準備は完了しました。

手順は半分、半分、半分……に

では、探しているCDはどうすればかんたんに、素早く見つかるでしょうか。

まず最初に、真ん中あたりのCDを取り出します。厳密に真ん中である必要はなく、だいたいの目分量で結構です。そして、そのCDと目指すCDとの間で、キーを比べます（名前順のキー）。このとき、次の3つケースがあります。

第1のケースは、ピタッと望みどおりのCDを取り出した、という超偶然な場合です。こんな幸運は1年に1回あるかないかで、めったにありません。

第2のケースは、取り出したCDよりも、探しているCDのほうが前にある（キーの順番で）という場合です。「前にある」ということは、この段階で探すべき範囲が「前半分」に絞られた、ということを意味しています。

第3のケースは、第2の場合と逆で、取り出したCDよりも、探しているCDが後ろにある（キーの順番で）という場合です。このときには「後ろ半分」だけを探せばいいということになります。やはり、範囲が半分に減ったのです。

第2、第3の場合、次にすることは、半分に減った残りの範囲の中で順番が真ん中あたりのCDを取り出して、望みのCDとキーを比べることです。取り出したCDが望みのものでなかった場合には、キーの順番を確認することで、探すべき範囲を前か、後ろかにさらに半減させることができます。この手続きを望みのCDにたどりつくまで、繰り返せばよいのです。

この方法を使うと、望みのCDに何回でたどりつけるでしょうか。CDを1回取り出すたびに、探すべき範囲は半分に減っていきます。CDが全部でn枚あるとしましょう。CDを1回取り出すと、探すべき範囲は

$$n \div 2 = \frac{n}{2} \quad (枚)$$

に減ります。さらにもう1回CDを取り出すと、探すべき範囲はさらに半分になるので、

$$n \div (2 \times 2) = n \div 2^2 = \frac{n}{4} \quad \text{（枚）}$$

です。これを繰り返し、全部でk回取り出したとすると、その後に探すべき範囲は、

$$n \div (2 \times 2 \times \cdots\cdots \times 2) = n \div 2^k = \frac{n}{2^k} \quad \text{（枚）}$$

となり、この枚数が1より小さくなったときには、CDが見つかっているはずです。

CDが見つからないときは？

もし、その時点で望みのCDが見つからなかったら、可能性は2つあります。その第1は「そのCDは棚にはない！」場合です。たとえば、あなたが友達にCDを貸したまま返してもらっていないことを忘れていた場合などです。その第2はそのCDを前回聴いたあとで、戻す位置を間違えていた場合です。とりわけ、「戻す位置を間違えていた！」となると、そのCD1枚を探すには、すべてのCDをチェックしなければなりません。

ですから、「CDを戻す場所を間違えない」ことはとても重要な大原則なのです。とき

1000 枚あっても、
たった10回で
見つかるニャあ。

表1 CDを見つけ出すまでの回数

n	k
2	1
4	2
8	3
16	4
32	5
⋮	⋮
1024	10

n＝CDの枚数、k＝取り出す回数

どき図書館などでまったく違う棚に本が置いてあるのを見かけることがありますが、そうなるとその本にいくら整理番号が振ってあっても、探し出すことは至難の業です。

結論をいいましょう。CDが正しく並べられていれば、望みのCDを見つけるまでに真ん中のCDを取り出す回数は、表1に示した数になることがわかります。

この表の左の列（n）と右の列（k）の関係は、右の列の回数だけ2をかけたときに得られる数が左の列の数となっています。たとえば、2を5回（右の列）かけると32（左の数）となるし、10回（右の列）かけると1024（左の列）となります。

枚数が多いほど威力を発揮

この方法は一見すると、「めんどうなだけで、効率的には思えない」と思うかもしれません。しかし、実はCDの枚数が多くなればなるほど、その便利さを発揮することがわかっています。なぜなら、表1からわかるように、全CDの枚数がどんどん増えていっても、取り出すCDの枚数はそれほど増えていないからです。CDが1000枚あっても、たった10回の比較で目的のCDにたどりつけるのだから驚きではありませんか。

実はこの方法は皆さんがよく知っている方法を利用しています。数を2倍にしていくと、2、4、8、16、32、64、128、256、512、1024……と、2を10回掛けるだけで1000を超え、その後4回掛けると今度は1万を超え、と急激な膨張をします。

今回は、その性質を逆手に取った方法です。すなわち、数（全CDの枚数n）を半分に、半分に、半分に……していくことをくり返すと、あっという間に1より小さな数になり、どんなに遅くてもその時点では望みのCDが見つかっているわけです。

このように、1回の比較で探すべき範囲を半分に減らす探索法は「**2分探索**」と呼ばれているもので、膨大なデータベースの中から望みのデータを素早く探し出すときに使われる基本技術の1つです。

最近はコンビニ、あるいはSUICAのような交通系ICカードなどから毎日、洪水のように膨大なデータ（ビッグデータ）があふれ出しています。

そんなデータの海におぼれず、逆にデータを有効利用するためには、「欲しいものをできるだけ短時間で取り出す」という探索技術を身に付けることが重要です。2分探索法でCDを探すという方法は、そのための基本技術の1つだったのです。

「字がヘタ」というコンプレックスを軽減する

――一文字一文字ではなく、全体のバランスが大事

【キーワード】バランスの幾何学

このタイトルを見て、「一夜にして達筆になる方法があるのかも……」と期待した人がいたら、残念ですがそれはさすがにありません。達筆な人の筆跡を覚えるロボットが最近は登場しているようですが、そんなロボットを連れて歩くわけにもいきません。ただし、急に達筆になるのは無理であっても、ヘタには見えない方法ならあります。

さて、社長や部長のような地位の高い方々とお会いしていると、「字がヘタ」ということに劣等感をもっている人が案外、多いようです。なぜかと伺ってみると、「契約書でのサインはもちろん、結婚式や告別式に参列した際の署名など、まだまだ手書きで書かざ

るを得ないシーンが多く、書き文字の上手ヘタは誰にも一目でわかるからですよ」と言います。あまりに字がヘタだと、社長さんともなると恥ずかしいし、時間をかけて毛筆・硬筆の習字をやる気も時間もない……。そんな人をお助けするのが、この項のお役目です。

美文字ではなく、バランスを狙う

では、どうするか。それは、見た目に「バランスの良い文字」を書くことです。それであれば、多少、字のヘタな人であっても、きょうからすぐにお役に立てます。それがスウガクの強みです。さっそくバランスの良い文字について考えてみましょう。

第1の原則――正方形のマスのスペース全体をバランス良く使って書く

原稿用紙を思い出してください。正方形のマスが描かれていました。このマスに比べて異様に小さく書いたり、ハミ出すほど大きな文字を書いたり、マスの片隅だけに書き込んだりしていると、何文字か見たときにバランスが欠けて見えます。1文字ずつは平均以上に上手であっても、全体的にはバランスが悪く、ヘタに見えてしまうのです。そこで、マスのスペースにバランス良く文字を配置すること、これが見た目にきれいに見える第一歩です。

第2の原則――1つ1つの線をていねいに書く

乱雑に書かず、文字を構成する一本一本の線をていねいに書きます。つまり跳ねるところは跳ね、止めるところは止めるということです。

では、正方形のマスの中にていねいに線を置いて字を書く場合、どう書けばバランスの取れた文字に見えるでしょうか。「字は線で構成される図形」と考えてみると、「バランスの取れた図形とは、どのようなものか」を考えるヒントとなるでしょう。

次ページの図1に、正方形のマスの中にでたらめに線を描いてつくった3つの図形の例を示しました。これら3つのうち、どれが最もバランスが取れて見えるでしょうか。

私はⓒが最もバランスが取れているように思います。

図1　マス目の一部分に偏らず、線をバランス良く配置する

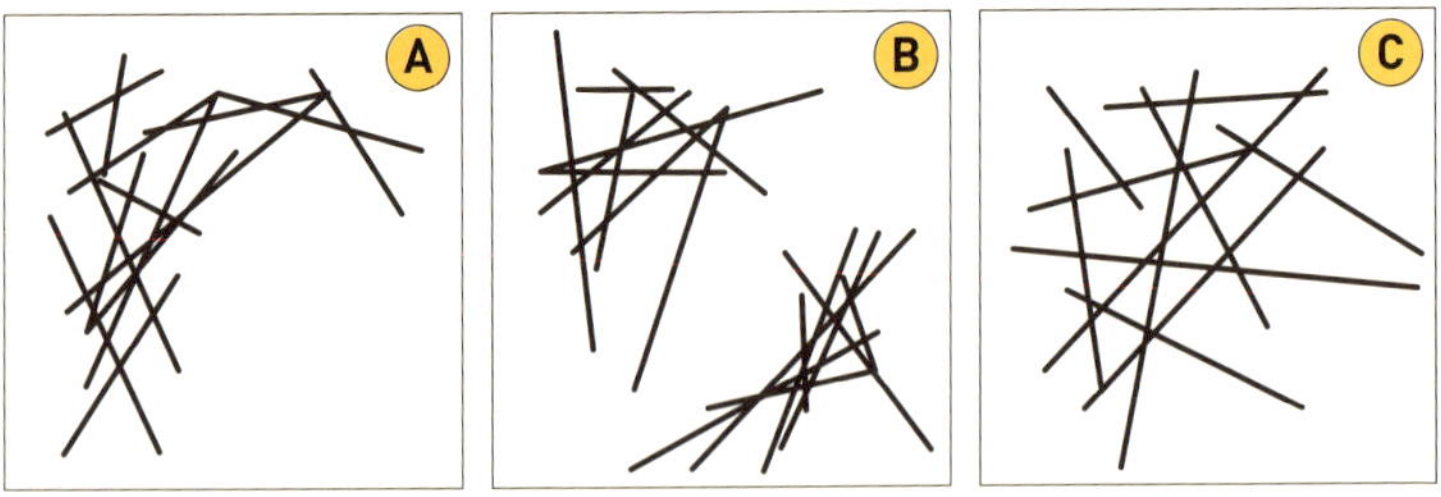

まずⒶは、線がマスの一部分に偏っていますね。図形を構成する線の「**重心**」が偏っています。そうです、バランスの取れた文字にするには、絵や文字、図形の中心（重心）がマスのまん中あたりに配置されているのが良いでしょう。そこで、3つ目の「美文字」の原則です。

第3の原則――図形の重心は真ん中に

また、Ⓑの図形では、たしかに重心は真ん中付近にあります。しかし、多くの線が一部に集中しているために、密度の濃い部分と薄い部分とがはっきりしています。これもバランスが取れているとは言えません。極端な集中は避け、全体に一様に存在しているほうがよいでしょう。そこで「美文字」の第4の原則が生まれてきます。

第４の原則――線の密度ができるだけ一様である

このように、整然とした図形であるための性質をそのまま文字に借用して、４つの原則を満たすように１つひとつの字を書くことを心掛けてみてください。特に、第４の原則に従って、線と線のすき間が同じぐらいの幅になるように心がけると、バランスの取れたきれいな文字に見えます。

「硬筆入門」といった手本を見ながらたくさんの文字を書いて修練するのもいい方法ですが、この４つの「美文字」の条件を満たすようにするだけで、見た目が驚くほど良くなります。

文字列傾斜錯視と視覚調整

最後に１つ。文字というのは一文字だけで見ることはありません。ですから、１つひとつの文字が均整が取れて書けていればそれで十分、というわけにはいきません。たとえば、活字は正方形の中に均整の取れた図形となるようにつくられていますが、それを

図2　あらら、文字が傾斜して見える現象も

十一年十一年十一年十一年十一年十一年
十一年十一年十一年十一年十一年十一年

年一十年一十年一十年一十年一十年一十
年一十年一十年一十年一十年一十年一十

水平に並べても、図2のように文字の組合せによっては、全体が傾斜しておかしく見えることがあります。これは「**文字列傾斜錯視**」と呼ばれる現象です。ですから、文字を並べたとき、列全体の均整が取れていることにも気を配る必要があります。

なお、「文字列傾斜錯視」とは違いますが、「視覚調整」という技法も知られています。これは「大」のような文字はマス目いっぱいに書いてよいのですが、「国」のように囲まれた文字の場合、マス目いっぱいに書くと「大」よりも大きく見えてしまいがちです。そこで、囲まれた文字（国、口、囲など）は少し小さめに書くことで、全体としてバランスが取れることも知っておくとよいでしょう。

このように「字も図形（幾何）」と考えると、数学的な「重心」や「密度」という見方でバランスのとれた字とはどういうものかが判断でき、書き方の目安を得ることができるのです。

揺れの少ない座席を確保するには

――どこでいちばん揺れは大きくなるのか？

［キーワード］シミュレーション

問題

出張などで新幹線に乗ると、同じ車両でもよく揺れる場所とそうでもない場所があります。揺れる座席、揺れない座席を見分ける方法を考えてください。

列車の揺れを紙上でシミュレーション

列車が揺れる原因は多数あります。線路のひずみ、列車の振動防止装置のしくみ、連

図1 揺れない席は「車輪の位置」がポイント

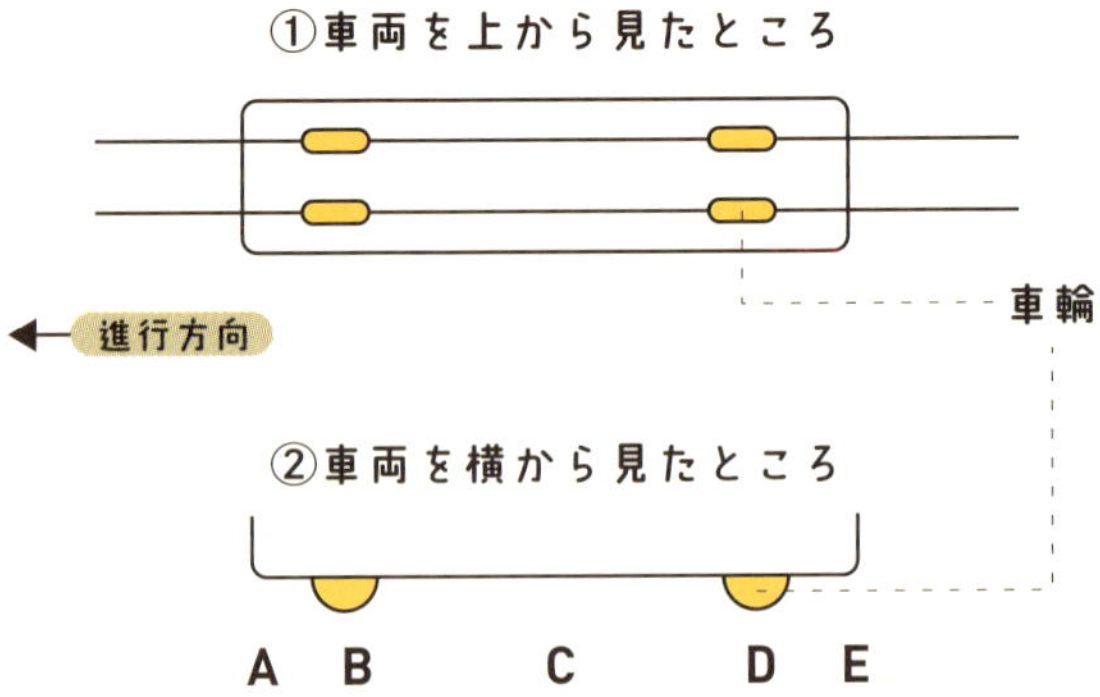

結器の構造、その日、その場所での横風の強さなどがあげられます。だから、「どの席に座るとよい」とは一概にはいえません。

けれども、「図形」という観点から列車を見た場合、揺れ具合に関して1つだけはっきりとしていることがあります。それは、同じ車両の中で見た場合、中央付近の座席が最も揺れが少なく、両端に近いほど揺れやすい構造となっている、ということです。これをわかりやすく図を使って説明してみましょう。

図1のように車両を上から見ると、細長い長方形とみなせます。その中にある4つの黄色い楕円形は車輪を表していて、車輪は車両の両端から少し入ったところにあり、線路の上に乗っています。これが右から左へと向

図2 「左へ、右へ」とカーブを進む車両

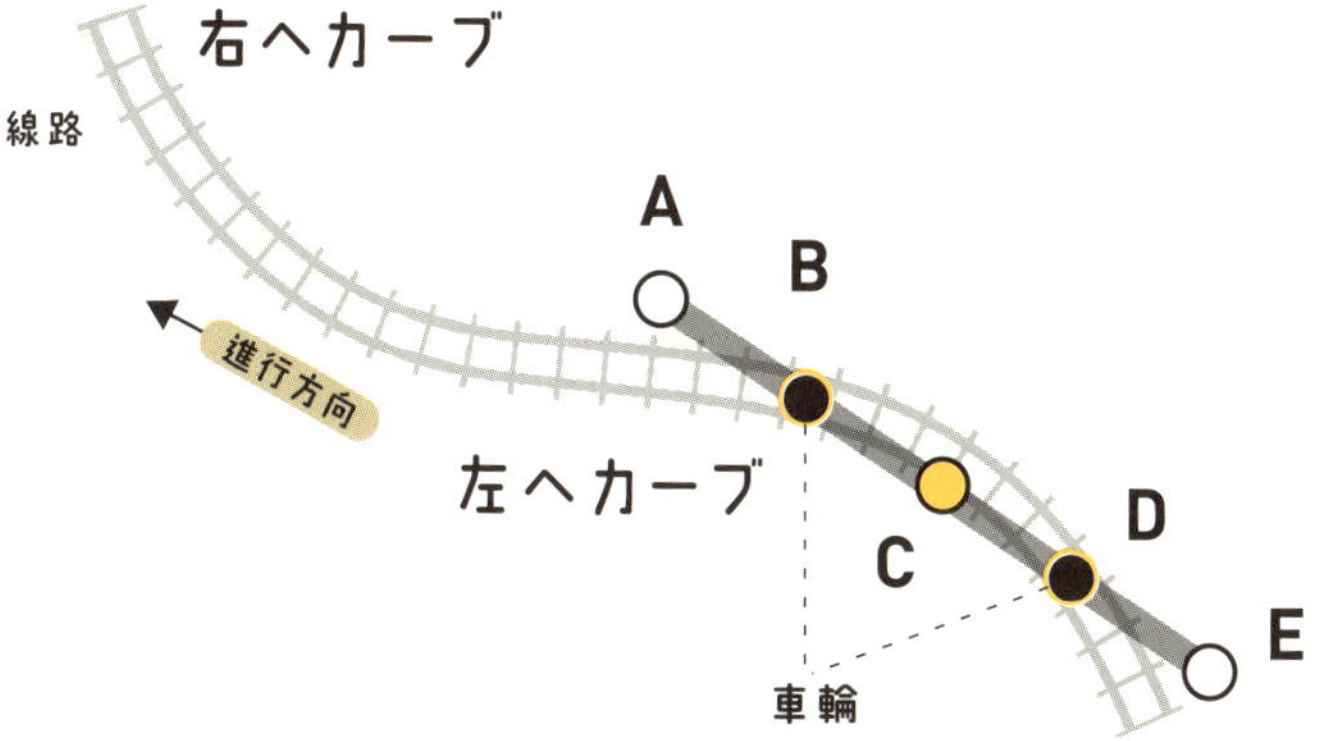

かって走っているとしましょう。

ここで、図2に示すように、車両を幅のない線分に置き換え、車輪の位置を2つの点とみなすことにします。不要な条件を簡略化することで、シンプルに物事を考えることができるからです。

いま、車両の先頭から順に、A、B、C、D、Eと名前をつけていきます。Aは先頭、Bは前輪の上、Cは中央、Dは後輪の上、Eは最後尾です。

カーブでの揺れはどこがいちばん大きいか？

列車が揺れる原因の1つは、カーブした線

路を通過することです。いま、図2に示すように、左へ向きを変えるカーブがあり、次に右へ向きを変えるカーブが連続する場所を列車が通過する場合を考えてみます。すると、この図に示すように車両全体のうち、車輪のある場所BとDは常に線路の上に乗っていますが、それ以外の場所は線路の右や左へはみ出すことがわかります。

そこで、車両のある1点に注目して、列車がこのカーブを通過するとき、その1点がどのように動くかを考えてみましょう。

まず、車輪が取り付けられている場所BとDは、線路の上に乗ったままですから、線路と同じカーブを描くことがわかります。それに対し、車両中央の点Cは、図3に示すように常にカーブの内側を通過しますから、線路から見ると左右への揺れの幅は小さいといえます（図3の色の線）。

一方、車両先頭の点Aは、図4に示すようにカーブの外側を通過するために、左右への揺れ幅が大きいとわかります。

つまり、中央の点Cの位置は、車輪の位置BとDの平均の位置になるために、BやDが左右に振れてもその動きが小さめに反映されます。一方、先頭の点Aは、線路のカーブの外側へはみ出しますから、線路に沿ったBやDの振れがAには大きな振れとなって

図3　中央の点Cは「揺れ」が小さい

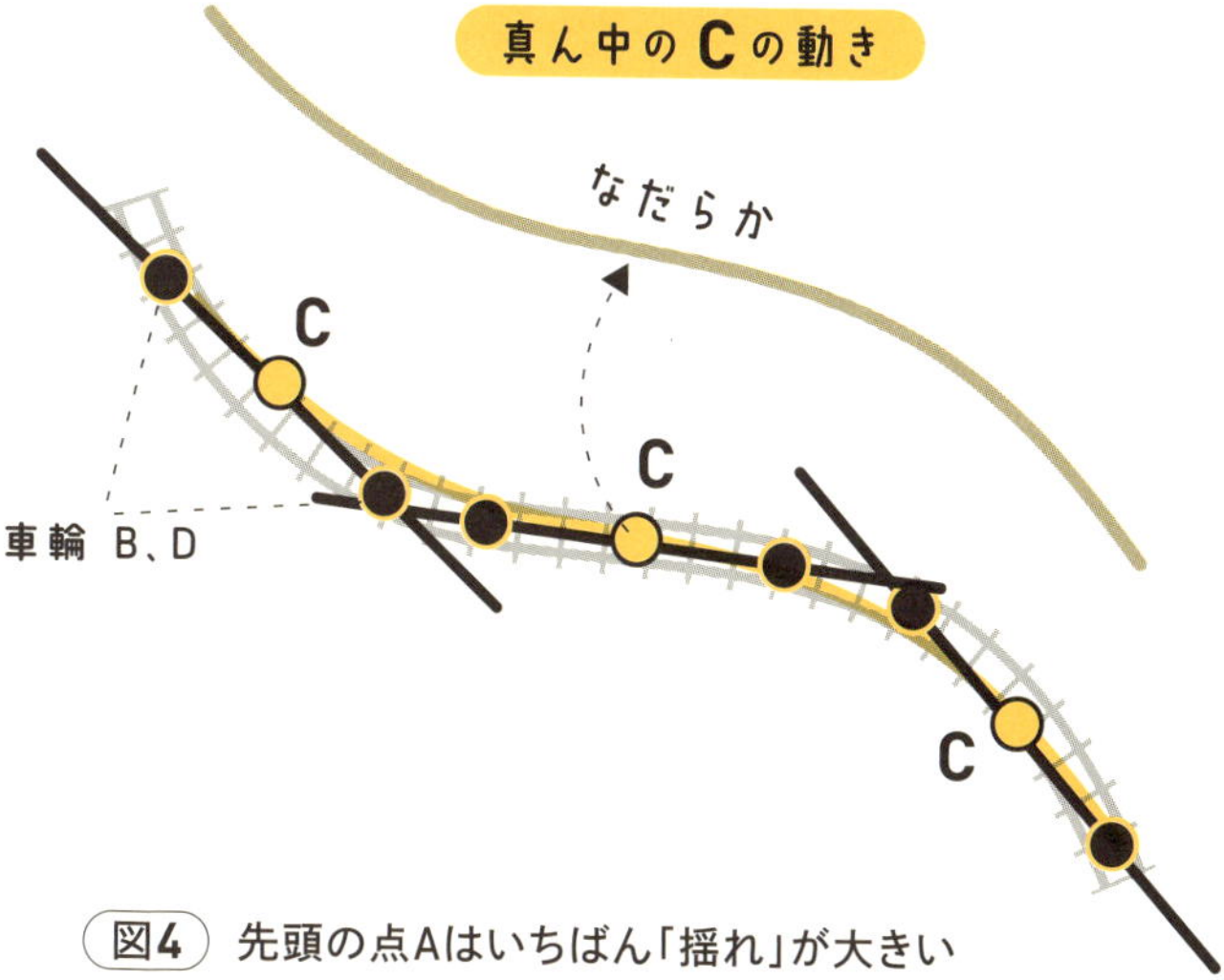

図4　先頭の点Aはいちばん「揺れ」が大きい

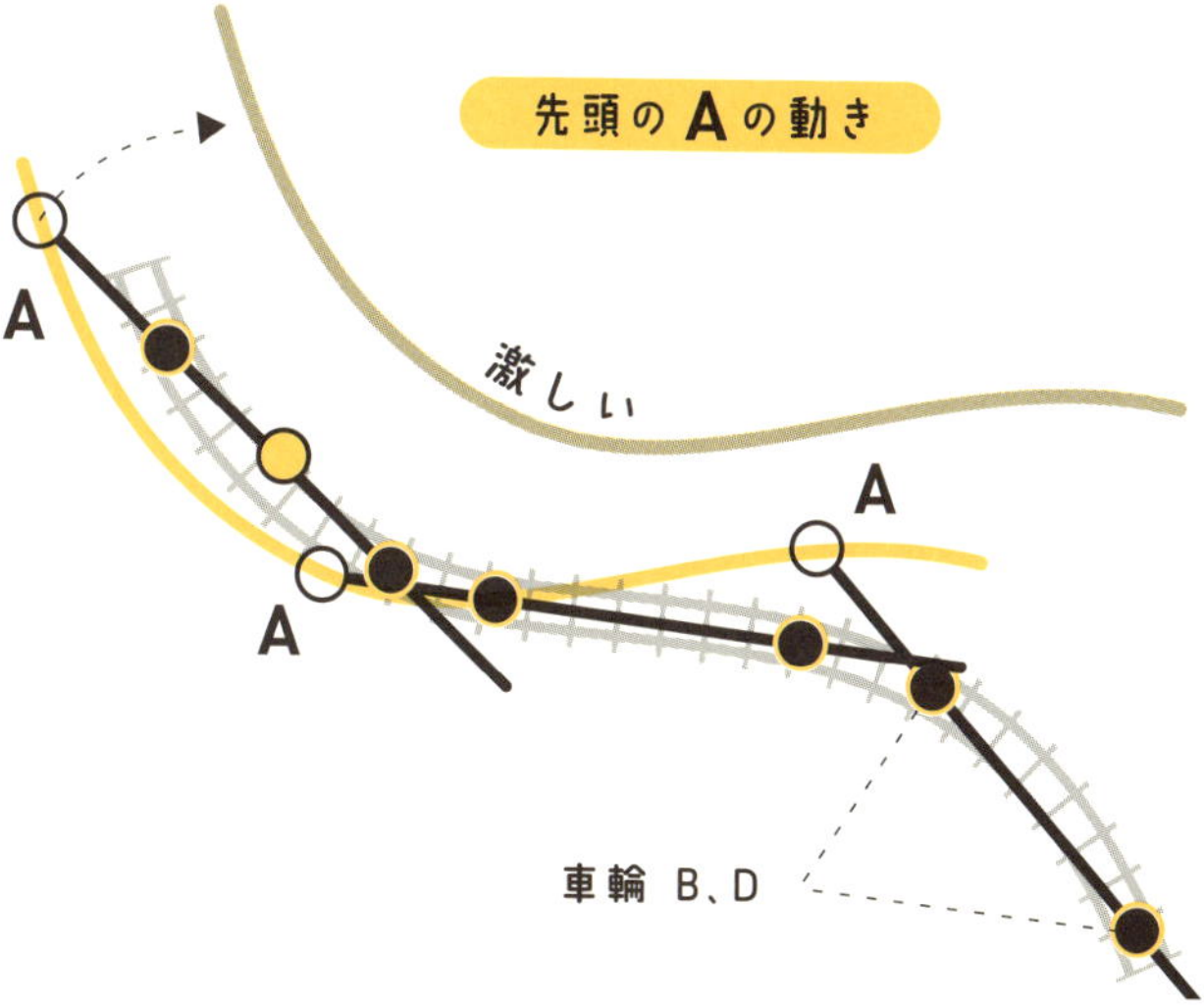

反映されるわけです。

このように、図3と図4を見くらべると、

①点Cは線路のカーブより緩やかな曲線を描く

②点B、Dは線路と同じカーブを描く

③点Aは線路より激しいカーブを描く

ということがわかります。

前後を逆にしても同じですから、最後尾の点Eは点Aと同じく激しいカーブを描きます。激しいカーブを描くということは揺れが大きいということですから、車両の両端が最も揺れが大きい座席だと言えます。

賢いビジネスマンは真ん中に座る

というわけで、座席を選ぶ場合には、入り口付近ではなく、車両の中央付近を選ぶとよいのです。「入り口付近のほうが乗り降りの時間が少なくてすむ」という考えもありますが、それは乗降車のときだけの話です。1時間も2時間も新幹線に乗っているのであれば、その時間を有効に使うことを考え、中央付近に座席を確保すべきでしょう。これはバスの場合も同じです。車酔いの強い人は真ん中付近を選ぶのがいいでしょう。

新幹線の指定席の値段は、車両のすべての位置で同じですが、乗っている時間を読書などで過ごせるのか、あるいは揺れがひどくて寝るしかないのかでは、ビジネスマンにとっては大きな違いです。

同じ座席料金を払いながら、より価値のある座席を選択するための指針としても、スウガクは役に立つのです。

冷蔵庫内のジュースはどのように冷えるか？

——冷え方は曲線カーブを描く

［キーワード］グラフで読み解く

問題

パーティの始まる2時間前に、ジュースを冷蔵庫に入れました。ジュースの温度は21℃でしたが、1時間後にジュースは8℃下がって13℃になっていました。もう1時間たてばさらに8℃下がって5℃になると思ったのですが、なぜかその1時間後にはまだ9℃でした。望みの温度まで冷やすのにかかる時間を知りたいのですが、冷蔵庫に入れたモノの温度はどのように下がっていくのでしょうか。

冷蔵庫の中でモノが冷えるのは、そのモノ自身の熱が周りの空気中へ流れ出すためです。この熱の流れは、そのモノの温度と冷蔵庫の中の空気の温度との差に比例します。ですから、モノが冷えるスピードは、そのモノの温度と冷蔵庫の温度の差に比例するのです。

1時間後8度℃下がったら、2時間後に16℃下がる？

冷蔵庫の温度がいま5℃に設定されているとすると、21℃のジュースとの温度差は、

21－5＝16℃

あります。だから、最初は「16」に比例するスピードでジュースは冷え始めたはずです。そして、実際に1時間後に測ってみると、21℃だったジュースは13℃まで下がっていました。このときの冷蔵庫との温度差は、

13－5＝8℃

です。だから、1時間後には「8」に比例するスピードでジュースは冷えつつあったわけで、冷えるスピードは、最初と比べて、

表1　ジュースと冷蔵庫の温度差・時間差の割合

時間	0	1	2	3	4	5
冷蔵庫との温度差	16	8	4	2	1	0.5
温度差の割合		1/2	1/2	1/2	1/2	1/2
ものの温度	21	13	9	7	6	5.5

$8 \div 16 = 0.5$

と半分に落ちていたわけです。スピードが半分だから、次の1時間後には8℃ではなく、4℃しか下がらないことがわかります。したがって、2時間後には13℃から4℃下がるので、

$13 - 4 = 9$℃

になっていた、というわけです。

時間と温度の関係は表1のようにまとめることができます。温度差が1時間ごとに半分になっていることがわかります。

一般に、最初に温度差がa℃だったものが1時間後に温度差がb℃になったとすると、1時間ごとに温度差は、b／aになります。

この例では、a＝16、b＝8なので、1時間ごとに温度差は8／16、すなわち1／2になっ

表2　最初の1時間で「16℃→12℃」のときのその後の温度変化

時間	0	1	2	3	4
冷蔵庫との温度差	16	12	9	6.75	5.06
温度差の割合		3/4	3/4	3/4	3/4
ものの温度	21	17	14	11.8	10.1

たわけです。

泥臭くグラフを描いて答を予想する

もし、最初に21℃だったジュースが、冷蔵庫に入れた1時間後に17℃になっていたとしたらどうでしょうか。最初の温度差は、21－5＝16℃で、1時間後の温度差は17－5＝12℃に変わったわけですから、1時間当たりの温度差の減り方は、

12÷16＝0.75

となります。3／4です。

この場合には、1時間ごとの温度の変化は表2のようになります。すなわち、1時間ごとに

図1 冷蔵庫でものが冷えるときの時間と温度との関係

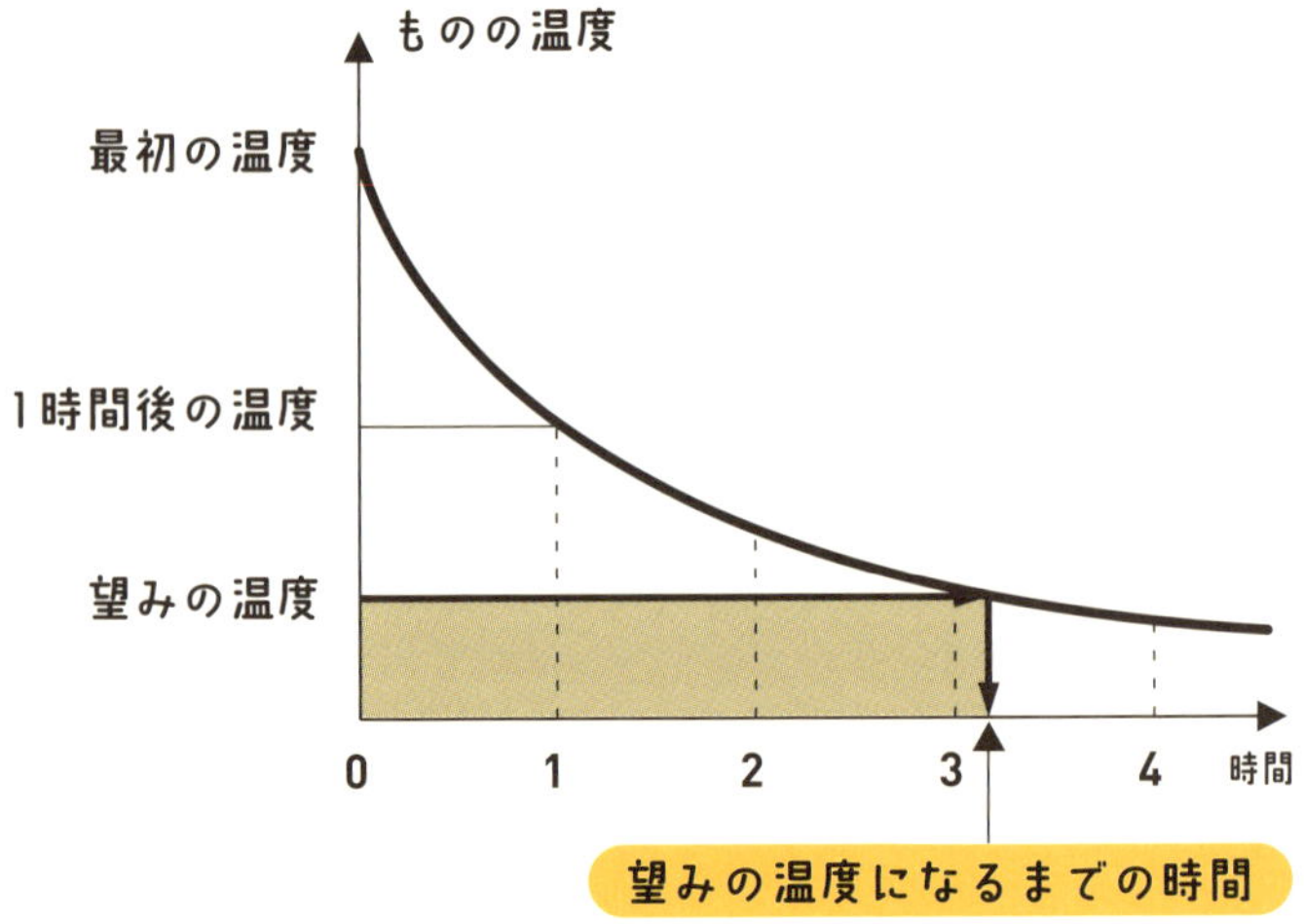

温度差は3／4になっていくのです。

このように、冷蔵庫の温度があらかじめわかっていたら、冷やしたいものの最初の温度と1時間後の温度を測りさえすれば、そのあとの温度の下がり方は予想できます。そこで、図1のように1時間ごとの温度を計算したあとで、それを図1のようにグラフに点で表して曲線でつないでいくと、望みの温度になる時間をグラフから読み取ることができます。

このように計測でわかっている値からグラフを描き、望みの数値を読み取っていくという方法があります。これは計算できれいに答を出すような〝スマートな方法〟ではありませんが、〝泥臭く〟必要な答を探し出すのも、スウガクを使えるものにする技術の1つです。

寄付はしたいが、資金が減るのも…

──「効用の価値」をスウガクで比較する

【キーワード】限界効用

世の中には、相反することがたくさんあります。たとえば、あなたが地元に愛着を感じていて、地元のサッカーチームYに対し、会社として寄付をしたいとします（あなたの会社をX社とする）。たくさんの寄付で地元に貢献したいという気持ちが半分あるものの、中小企業なのでX社の資金が減りすぎるのも困るという気持ちが残り半分。どのくらい寄付をしたらよいか迷うということもあるでしょう。このような場合、どう考えたらよいのでしょうか。

いくら地元愛が強いからといって、無理するのはいけません。会社が傾いても困るし、一時的に高額を寄付し、翌年は少額になるというより、少額でもいいから長期的・安定的に寄付を続けたほうがサッカーチームYにも喜ばれるでしょう。

1万円の価値はいつも同じか？

まず、「同じ金額のお金は、いつも同じ価値があるのか？」というと、必ずしもそうはいえないことに注意しておきましょう。「いや、1万円はいつでも1万円の価値がある」といいたくなるかもしれません。本当にそうでしょうか。

ある個人商店Aの毎日の利益が1万円で、それが1万円増えて2万円になったケースと、毎日10万円の利益をあげている小型スーパーBが1万円増えて11万円になったケースとでは、利益の増額はいずれも1万円ですが、どちらの喜びのほうが大きいでしょうか。

金額は同じですが、個人商店Aの場合には2倍に利益が増えているのに対して、小型スーパーBのほうは10％にすぎませんから、「喜び」という点では個人商店Aのほうが大きいだろうと予測できます。これは同じ1万円の利益増であっても、それで現状がどれだけ改善されたかによって、その1万円の価値が異なることを意味しています。

お金を料理に置き換えると、もっとわかりやすいかもしれません。いま、ここに一皿の料理があるとします。お腹をペコペコに減らしているAさんが、この一皿の料理を出されたら、とても美味しく感じるでしょう。このときの点数を100点とします。一方、同じAさんでも、お腹がいっぱいでもうこれ以上食べられないというときにこの一皿の料理を出されたら、ありがた迷惑で、点数でいえば、5点くらいかもしれません。

つまり、モノの価値というのは、そのモノをあまり持っていないときには大きく感じ、すでにたくさんあるときにはそれほど大きくは感じないものなのです。

所持金の「満足度」をグラフで表すと

この性質は、図1のように表すことができます。横軸は持っているお金の金額で、縦軸はそのお金を持つことの満足の程度を表します。所持金が多ければ多いほど満足は大きいでしょうから、このグラフは右へ行くほど高くなっていきます。

けれども、決して直線的に大きくなっていくわけではありません。この図に示すように、最初は急に高くなるのですが（嬉しい度合いが大きい）、だんだん傾きが小さくなっていって（喜びの度合いが減っていく）、右のほうでは所持金が増えても「満足の程度の増え方は小さい」ことがわかります。

図1　満足の程度は減っていく

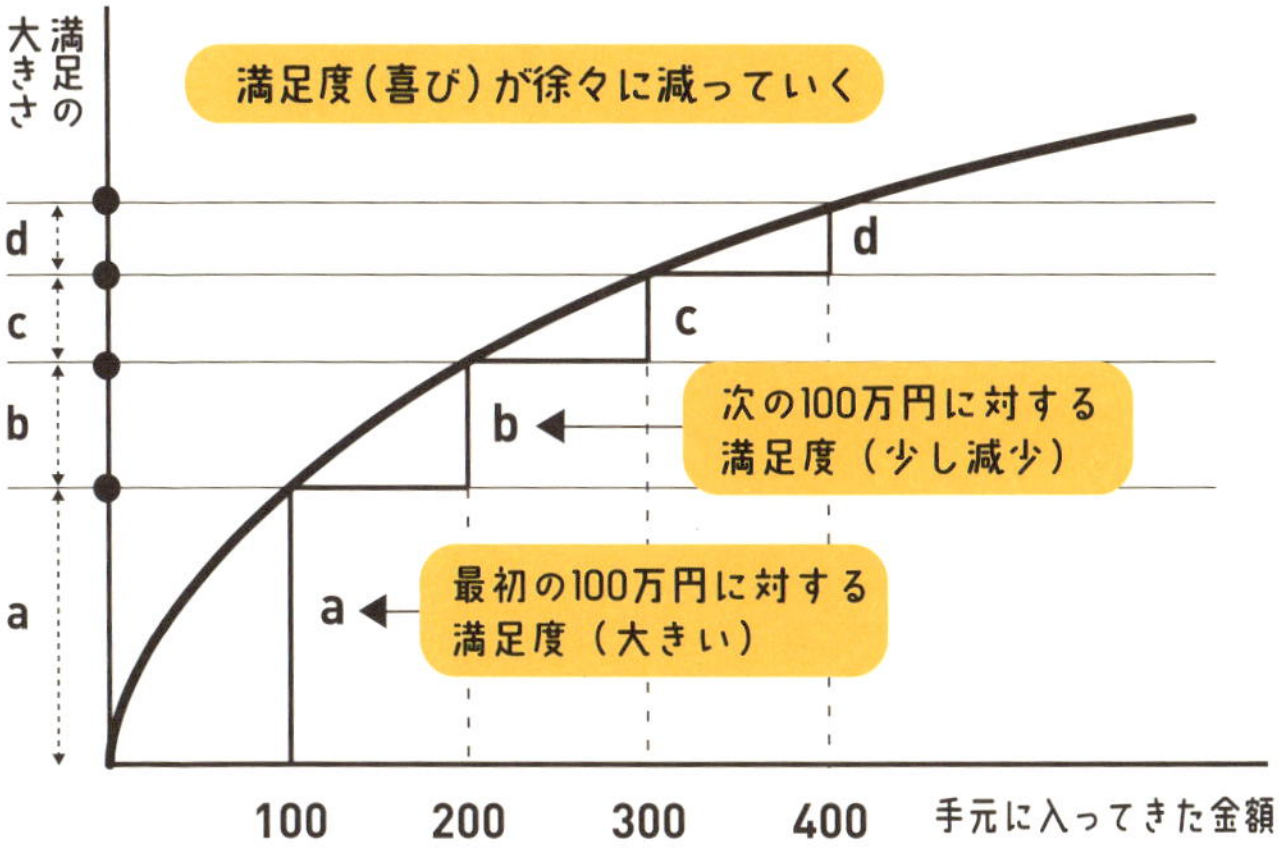

つまり、同じ100万円の収入ではあっても、最初の100万円はaだけのありがたさがあり、次の100万円はそれより小さいbだけのありがたさしかなく、さらに次の100万円になると、もっと小さいcだけのありがたさになり、次の100万円ともなると、もはやdだけのありがたみしかない感じない、という具合です。

同じ金額を寄付する場合でも……

いま、寄付をする場合の気持をこのグラフを使って考えてみましょう。寄付をすると所持金が減りますから、そのときの心の痛みをこのグラフから読み取ることができます。すなわち「満足度」を「痛手」と読みかえることができます。たとえば、400万円をもっている人が100万円を寄付したときの痛みはdで、300万円をもっている人が100万円を寄付したときの痛みはcなどです。

ここで、寄付をするX社の気持ちに注目してみましょう。X社の毎月の利益は400万円であるとし、X社は一大決心をして、この利益のうち200万円を寄付することに決めました。なんと、X社の利益の半分を寄付するというのです。100万円の寄付なら、満足の減り具合はdだけなのに、もう100万円（合計200万円）の追加で寄付をすると、その100万円に対しては満足の程度がcだけ減ってしまいます。つまり満足の減る量は、

d＋c

となります。これは寄付という観点から見れば大変素晴らしいことで、拍手を贈りたいほどですが、無理しすぎの感もあります。

ここでもう一度、図1を見てみましょう。同じ200万円を寄付するとしても、1回で200万円を払わず、100万円の寄付を2回続ければ、満足の程度の減り具合は、

d＋d

で済みます。つまり、一度に200万円を寄付して終わりにするよりも、2か月にわたって、毎月100万円ずつ寄付したほうが、少なくともX社の満足の減り具合（社業への打撃）は小さくて済みます。

限界効用逓減の法則

このように持っている量が1単位増えたとき、満足の程度がどれほど増えるかを表す数値は「**限界効用**」と呼ばれます。図1では、この曲線の傾きが限界効用に対応していて、一般に、この図に示すように、持っている量と満足の大きさの関係は上に凸の曲線となります。すなわち、持っている量が増えるにしたがって、傾きはだんだん小さくなっていくのです。このことは、持っている量が増えるにしたがって、限界効用がだんだん小さくなっていくことを表しています。この性質を「**限界効用逓減《ていげん》の法則**」と呼んでいます。

ところで、今回の話題には、数値はまったく出てきませんでしたね。数学というと、数を対象として計算を行うことだと思われているかもしれませんが、必ずしもそうではありません。

図1の曲線のように、だんだん傾きが小さくなっていくという定性的な性質だけが与えられたときでも、いろいろなことを考えることができます。1人ひとりのお金に関する価値観の違いによって、図1の横軸と縦軸の目盛に書く数字は違うでしょうが、そのような数値に煩わされず考えることができるという「数字を使わないスウガク」の力も味わってほしいのです。

3章

趣味をさらに充実させるスウガクの技

映画館と液晶テレビ、迫力のモトがわかった！

――「迫力」をどうすれば測れるか？

【キーワード】両眼立体視

私は映画館に行って映画を見るのが大好きです。やはり映画館の広々としたスクリーンで映画を鑑賞するのは何ものにも代えがたいと感じているのですが、人によっては「映画ならDVDを家の液晶テレビで見ても同じ。テレビだって大画面だし、近くで見れば迫力だって変わらないよ」という人もいます。

でも、私にはどう考えても、映画館の大画面とテレビとでは迫力が違うように感じます。この〝迫力〟という漠然とした言葉をなんとか数字的な違いとして明らかに示すことができれば、きっとDVD派の人さえ振り向かせることができるのではないでしょう

図1　スクリーンの幅とスクリーンまでの距離

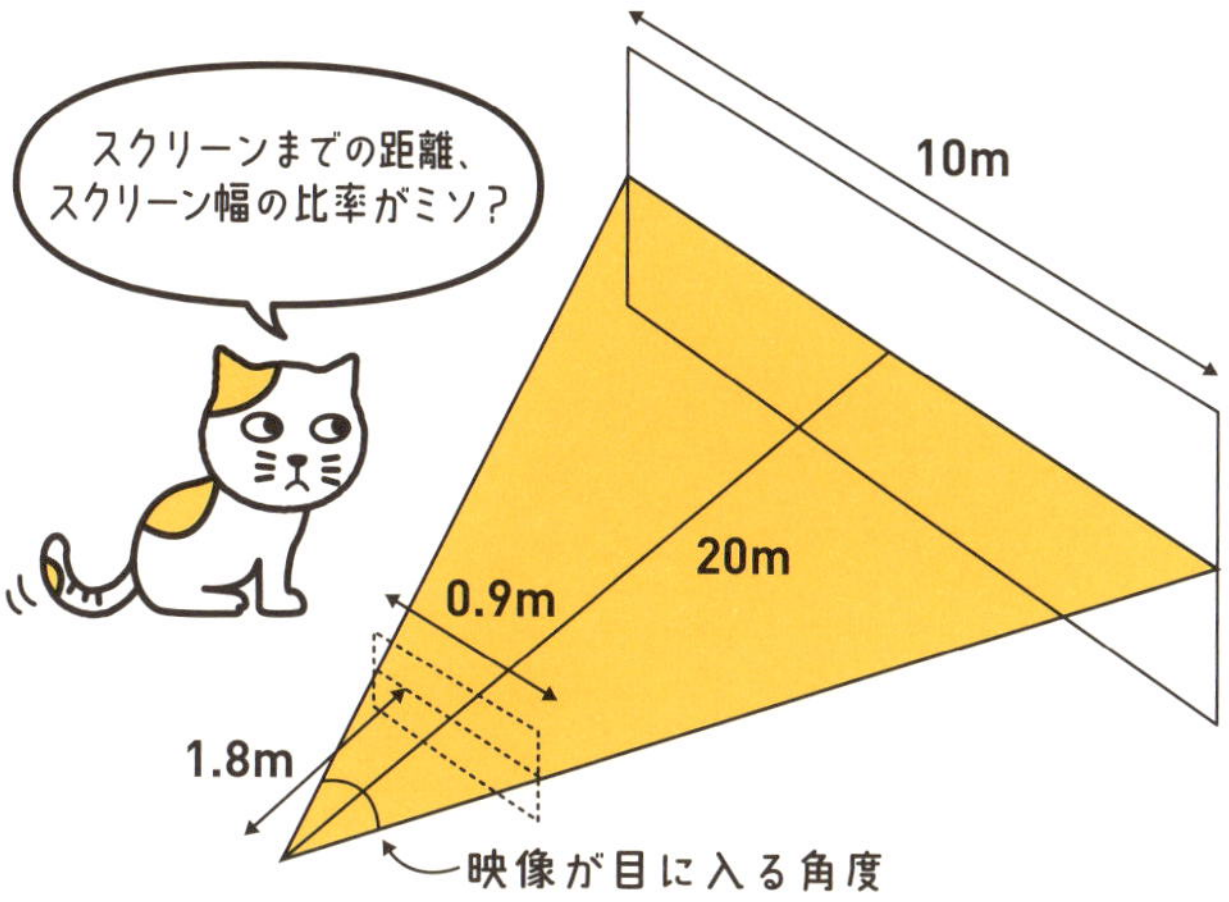

か。どうすれば「根拠」をもって説明できるでしょうか。

「迫力」を数字で表したい

まず、この「迫力」とはいったいどういうものでしょうか。私は、単なる画面の大きさの違いではなくて、「2つの目でものを見ることに関係している」と考えています。

図1に実線で示すように、映画館で、横幅10メートルのスクリーンを20メートル離れた座席から見るとします。そのときのスクリーン幅と見る距離の比は、

$10m \div 20m = 0.5$

ですね。この比が大きいほど、広い角度から映像が目に届くわけですから、広い草原はそれだけ広く感じ、果てしない宇宙はそれだけ無限の広さを感じることができ、その映像の世界に没入しやすいと考えられます。ここまでは、DVD派にも納得していただけるでしょう。

一方、家庭で見る40型(40インチ)ワイドテレビの横幅は何センチあるでしょうか。1インチは約2・5センチです。であれば、横幅は、

$40 \times 2.5 = 100cm$

のように思いますが、実は約90センチです。なぜ100センチではなく、90センチになるかは説明をしておく必要がありますね。

テレビの画面が40インチという場合、これは画面の横の長さではなく、斜めの長さ(対角線の長さ)を指しています。最近の液晶テレビの多くは「横:縦=16:9」なので図2のようになり、横幅16インチの画面の斜めの長さは、

$$x = \sqrt{16^2 + 9^2} = \sqrt{337} \fallingdotseq 18.36$$

図2　40インチテレビの横の長さを測る

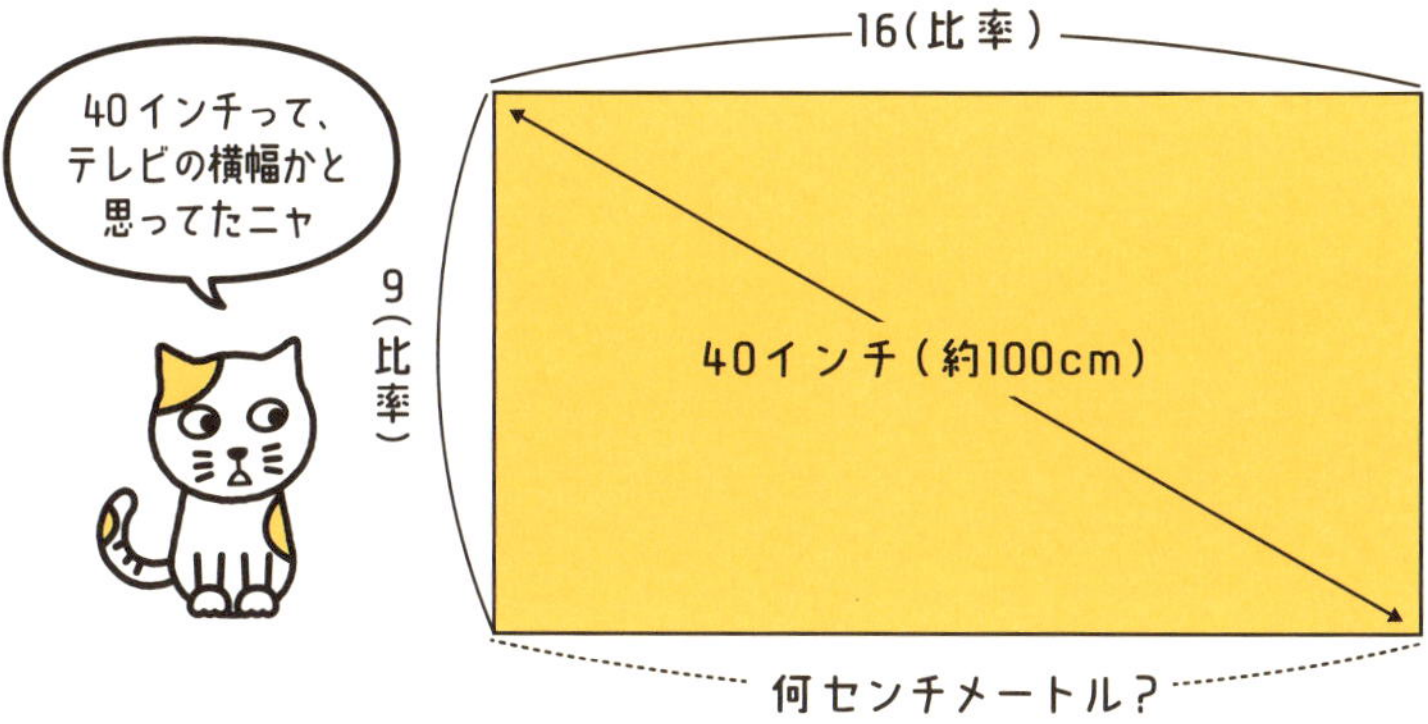

斜めの長さが40インチ（1インチ＝約2・5センチ）の画面の横幅をyとすると、その比率から、

$$40 \times 2.5 : y = 18.36 : 16$$

ここから横の長さは約87センチと計算できるので、約90センチと考えたのです。

「両眼立体視」が奥行きを感じていた

この横90センチの画面を3メートル離れて見ると、スクリーン幅と距離の比は、

$$0.9\text{m} \div 3\text{m} = 0.3$$

となります。この値は映画館の0・5に比べ、わずか60％しかありません。ですから、映像が

目に入ってくる角度は映画館で見るよりぐっと小さいとわかります。この角度の違いが「迫力の違い」と考えてもよいでしょう。

ただ、テレビで見るときでも、テレビを見るまでの距離を縮めれば（目には悪いでしょうが）、この角度を映画館と同じように大きくすることもできます。実際、図1に破線で示したように、3メートルではなく、1・8メートルの至近距離から40インチの大画面テレビを見れば、その比率は、

0.9m ÷ 1.8m = 0.5

となって、映画館と同じになります。しかし、そのように近づいて見てみても、どうも「映画館で見るときと同じような迫力を得られない」ことに気づきます。

意外な結論でしょう。なぜ同じ比率なのに、迫力を感じられないのでしょうか。これには、両眼立体視という人間の目の機能が関係してきます。

私たちは2つの目でモノを見ます。そして、右目からの見え方、左目からの見え方の違いから、対象までの距離を測ることができます。この目の機能が「**両眼立体視**」といわれるものです。

こうして両眼立体視によって、私たちは意識しなくてもテレビ画面までの距離がわか

るのですが、これは「テレビ映像の中に映っているものの奥行き」ではありませんから、両眼立体視があることでかえって、テレビ映像での奥行きを知覚するさまたげになるのです。このことが映像の中に没入することを難しくしています。

「7メートルの違い」が映画とテレビの違いだった

そうすると、「映画館でも同じではないか」と思われるかもしれませんが、両眼立体視は7メートルぐらい離れると、その機能がなくなることもわかっています。右目と左目の見え方の差がほとんどなくなってしまうからです。このため、映画のスクリーンを見る場合には、スクリーンまでの距離は気にならず、映像の中に没入できる……。これが映画館の迫力を生み出し、映画に没入できる理由だと考えられています。

ところで、テレビを見ているときでも、両眼立体視の機能を外す方法が2つあります。

1つは7メートル以上離れて見ることですが、これは家の広さも問題ですし、そんな遠くから40インチのテレビを見たら小さすぎて迫力など微塵もありません。

もう1つの方法は、両目で見るのをやめることです。実際、テレビは片方の目だけで見ると、格段に立体感が増します。３Ｄテレビや専用メガネを使わなくても、片方の目で見ることでリアルな立体感を楽しむことができるのです。けれども、０・９メートルの至近距離から片方の目で2～3時間も見続けるということまでして液晶テレビで「迫力」を楽しもうとするのは、どう考えても目が疲れすぎ、やめておいたほうがよさそうです。

撮影位置を写真から特定する方法

―求めたいものを作図で見つける

【キーワード】作図計算

問題

鉄道の好きな息子が走行中の列車の迫力ある写真を撮ることに成功しました。ところが、これを夏休みの自由研究課題に取り上げて学校へ提出したところ、立入禁止の危険区域に入って撮影したのではないかと疑われてしまいました。息子は立入り禁止区域の外で、ズームレンズで撮ったのだと言っています。私は息子の言葉を信じていますが、客観的にこの濡れ衣を晴らすことはできないでしょうか。

写真が禁止区域内で撮ったものか、ズームで近寄ったように見えるだけなのかは、被写体についてある程度の情報があれば区別がつきます。

カメラのズーム機能（望遠）を使うと、遠くから撮っても、まるで被写体のすぐそばから撮ったかのように撮影できます。そのため、ズーム機能で拡大して撮影することは、「その分だけ被写体に近づいて撮影することと同じだ」と思われがちですが、それは大きな間違いです。

ズーム機能で拡大することと、本当に被写体に近づくこととは別ものです。だからこそ、プロのカメラマンは一歩でも前に出て写そうと努力をするのです。まずこのことを確かめておきましょう。

図1の①に示すように、ある場所に立ち、カメラで目の前のシーンを捉えると、自転車が手前の壁に一部隠されていたとします。この場所で、カメラのズーム機能を使って被写体を大きく捉えても、この図がただ拡大されるにすぎません。

一方、もっともっと近づいていってカメラを構えると、図1の②に示すように、一部隠れていた自転車の全体が見えるようになるはずです。

このように、ズーム機能を使って拡大した場合と、近づいて拡大した場合とでは、ものの見え方がそもそも違うのです。ですから、どの位置でカメラを構えて撮影したかの

図1　「ズーム撮影」と「近寄っての撮影」は違う

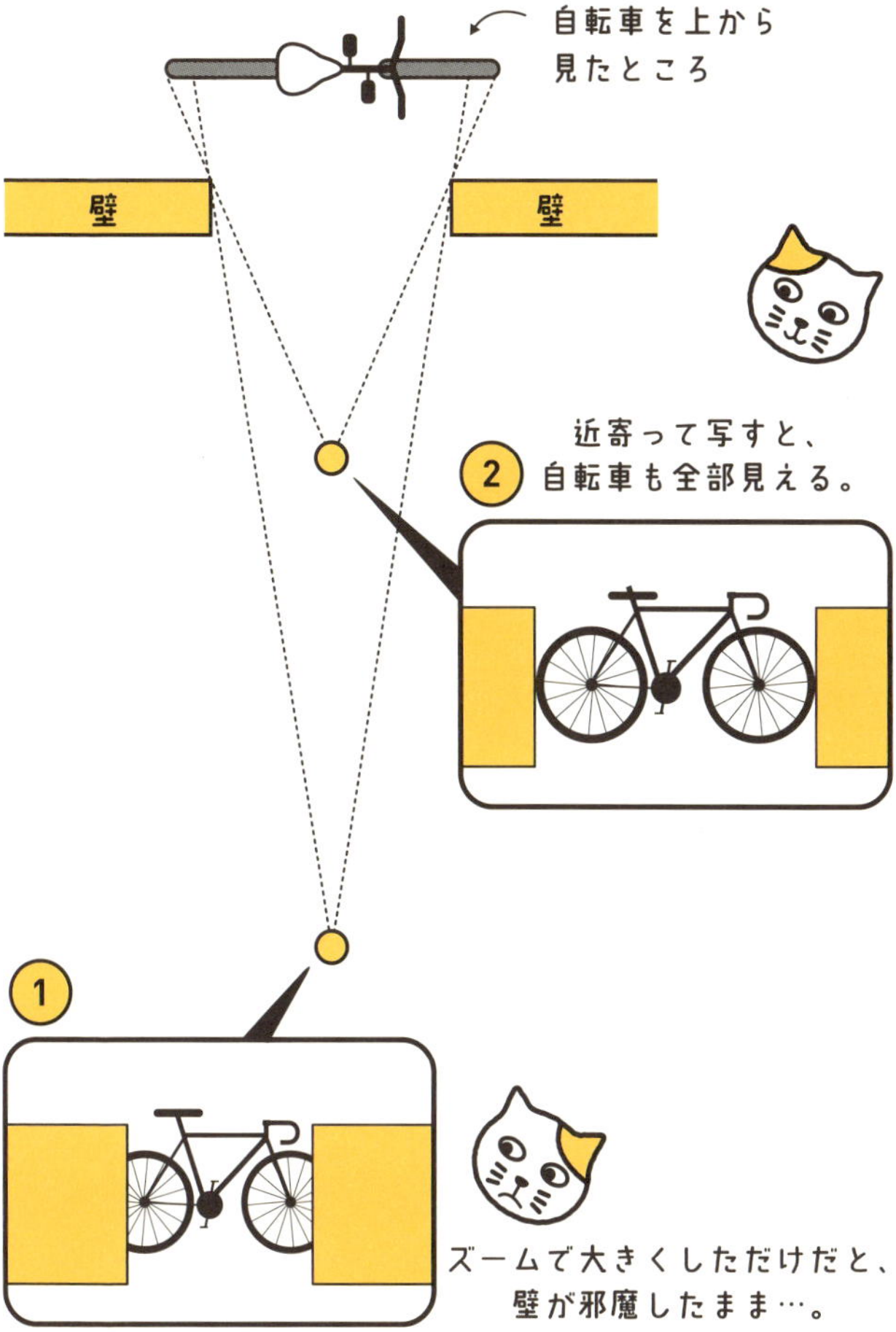

情報は、写真の中に「証拠」として含まれているはずです。

目印を見つける!

では、どうしたら、撮った写真から、撮影位置を特定することができるでしょうか。次にそのことを考えてみましょう。

図2に示すような写真を撮影できたとします。この図のように、列車の1両目の左端が、遠方の大きな木Aの位置と縦にちょうど重なっているとします。また、3両目の右端が、もう1つの遠方の大きな木Bと縦に重なっているとします。そして、木A、Bの地図の中の位置はわかるものとしましょう（1本1本の木の位置など地図からわかるわけがない、と指摘を受けそうですが、地図に載っている山の頂上や大きなビルの位置を代わりに使えばよいでしょう）。

列車の大きさを調べて、図3に示すように、地図の上に、列車、木A、木Bの位置をそれぞれ書き込みます。光は直進しますから、撮影位置は、110ページ図3に破線で示すように、点Aと列車の左端の角の点を結ぶ直線の上にあるはずです。同じように、撮影

図2　この写真から撮影位置をどう特定できるか？

位置は点Bと列車の3両目の右端の角を結ぶ直線の上にもあるはずです。このことから、これら2つの直線の交点Pが撮影位置だった、と特定することができるのです。

でも、実際には、走っている列車を撮影したわけですから、「後から地図の上に撮影した瞬間の列車の位置を書き込むことなどできないはず」と考えるかもしれません。確かにそのとおりです。この説明はあくまでも考え方をわかりやすく説明するために「列車の位置がわかっている」と仮定したものです。実際には列車の代わりとなる別の目印を見つければよいでしょう。

たとえば、図2のC、Dで示すように、杭や岩などの目印になるものが、木A、木

図3　A～Dの位置から撮影位置を推定する

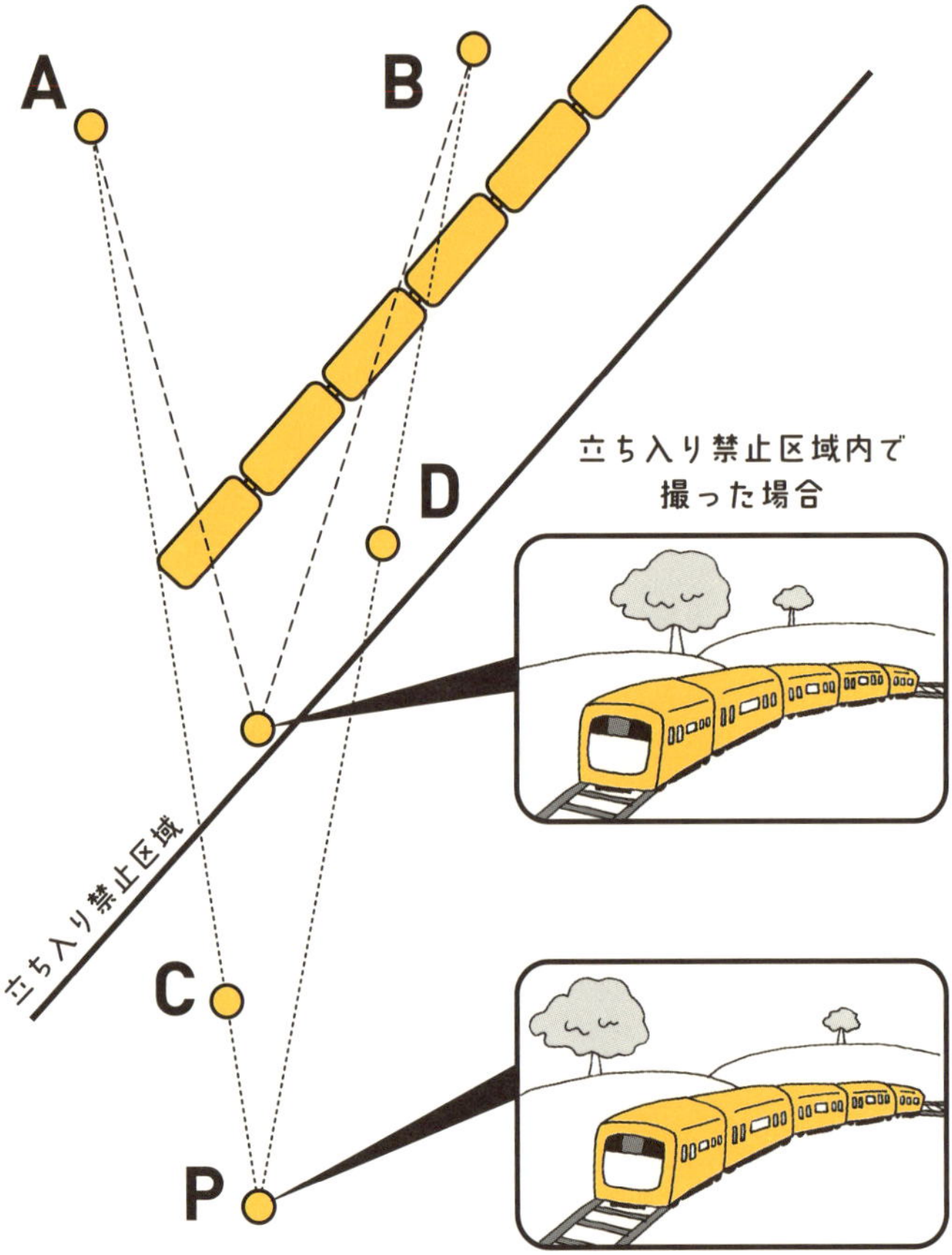

Bと縦に並んでいるとしましょう。その場合には、車両の左端や右端の位置の情報は必要ありません。単純にAとC、BとDを結んでできる2本の直線の交点Pを求めればよいからです。

というわけで、実は列車の位置はわからなくてもかまわないのです。背景の静止した世界で、縦に並んだものを2組だけ見つけ、その位置を地図に書き込むことができれば、撮影位置を知ることができるのです。

ここでは計算がいっさい出てきませんでしたが、求めたいものを作図によって求める作業も立派な計算であり、これは「**作図計算**」と呼ばれています。

スキーでコブをうまく滑るコツ

――「前進＋上下」の2つの動き

［キーワード］ベクトルの考え方

先日、友人が会社の同僚とスキーに行ったらしいのですが「コブのある凸凹の斜面をうまく滑ることができなかった。何か、よい方法はないだろうか」と言っていました。

と言われても、スキーはスポーツなので「習うより慣れよ」が原則だと思いますが、まったく手段がないわけではありません。そこで少し考えてみました。

コブの場所はなぜ滑りにくい？

スキーで滑るとき、なだらかな斜面というのは初心者でも滑りやすいですね。ところが、ちょっと中上級者向けの凹凸の多いところはどうしてもコブに乗り上げてバランスを崩すため、かなり滑りにくくなります。

コブのあるゲレンデで、転ばないで滑るための戦略としては、次の2つが考えられます。その第一は、コブに乗り上げないようにする、つまり「コブのないコースをうまく選ぶ」ことです。コブとコブの間の谷のところだけを選んで滑ることができれば、初心者でも滑れるでしょう。

けれども、そのためには、方向転換を思い通りにできるだけの上級のスキー技術が必要です。初心者にとっては、とても難しい話です。最初のコブとコブの間は通れても、次々に現れるコブのすべてを避けて通れるのは、スキーの上級者でなければ至難の業でしょう。

そこで、第二の方法を考えます。たとえコブに乗り上げたとしても、「バランスを保てる」ように滑ることです。一見、こちらのほうがむずかしい方法に見えますが、初心者はコブを避けるのがむずかしい以上、コブに乗り上げてもバランスを崩さない方法を探るのが近道というものです。

コブに乗り上げたときにバランスを崩すのは、図1に示すように、体が上へ浮き上がるからです。滑るという動きは「体が前へ移動する運動」ですが、コブの場所ではそれに「垂直の動き」が加わっています。

図1　ひざの曲げ伸ばしがないと……

重心
ヒェ〜
アワワ
重心が上下に
大きく動いている

ひざの曲げ伸ばしで「上下」に対応する

これは走っている電車が軌道変更のために横に揺れると、乗客は「前進＋左右」という2つの方向に揺られ、バランスを崩しやすくなるのと同じ現象です。

これを避けてバランスを保つためには、コブに乗り上げても、「体の高さが変わらない」ようにすることです。完全に変わらないのはむずかしいとしても、その努力をします。すなわち、体の重心が上下へ揺れないでまっすぐ移動するようにします。そのためには、ひざを曲げる角度を調整する必要があります。

図2　ひざの角度を調整して「上下運動」を吸収

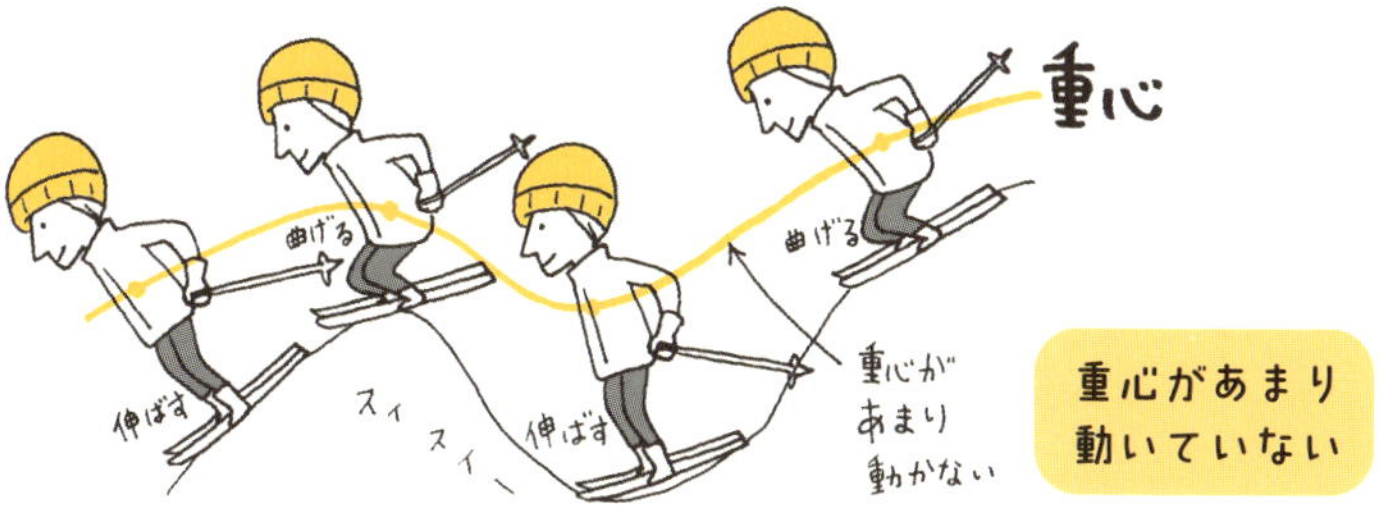

スキーでは、「ひざを伸ばさず、曲げて滑るのがよい」と教わったことがあるかもしれません。これは、次々に変わるゲレンデの凹凸に応じて、ひざの曲げる角度を調整し、重心がなるべく上下に動かないようにするという意味です。

図2に示すように、コブに乗り上げたところでは、ひざを深く曲げ、コブとコブの間の谷ではは曲げ方を浅くすることによって、コブの起伏よりは、なだらかな上下運動となります。

このように、コブの部分で転びやすい、あるいは滑りにくい最大の原因は、進行方向への運動だけでなく、「垂直な方向へ体の重心が動く」ことです。そこで、ひざの屈伸の角度を調整してやることで、重心の上下運動を少しでも減らすことが、コブをうまく滑りきるコツなのです。これを理解すれば、コブは嫌なものではなくて、逆にスリルに富んだ楽しい場所に感じるでしょう。

ベクトルを意識すると、うまく滑れる

動きは、「速さ」と「向き」の2つの性質をもっています。動きの向きが一定の場合は速度が速くても体のバランスは取りやすいのですが、そこにもう1つ「別の向き」が加わると、とたんに体のバランスは取りにくくなります。

スキーでコブのあるところを滑るときには、「別の向き」に相当する上下の動きが加わりますので、それを減らすために「ひざを曲げる角度」を調整するのです。

この「動き」のように、「大きさ（速さ）」と「向き」をもつ量を「**ベクトル**」と呼びます。

私たちは、大きさ（この場合は速さ）にばかり注意を集中しがちですが、向きも大事なのです。

ブランコの漕ぎ方を子供に教える

──職人芸を分解して「数理的な言葉」で伝える努力を

［キーワード］**振り子の運動**

　スキーのコブをうまく滑るコツ、水泳で速く泳ぐコツというのは、自分で体得するものですが、お子さんをもつようになると、今度は「うまく教える（伝える）コツ」が必要になってきます。たとえば、あなたのお子さんがブランコをうまく漕げないとすると、どう教えればいいでしょうか。「こんなふうにグーンとやって、次に足をクィッと……」だけでは、コツを呑み込んだ人にはわかっても、肝心の子どもにはなかなか伝わりません。自分ができる動作だけに、もどかしさを感じてしまいます。うまく教える方法を考えてみましょう。

　ブランコの場合、一番わかりやすく伝えるコツは、「立ったりしゃがんだりするタイミング」を理解することです。

図1　ブランコを単純化してみると

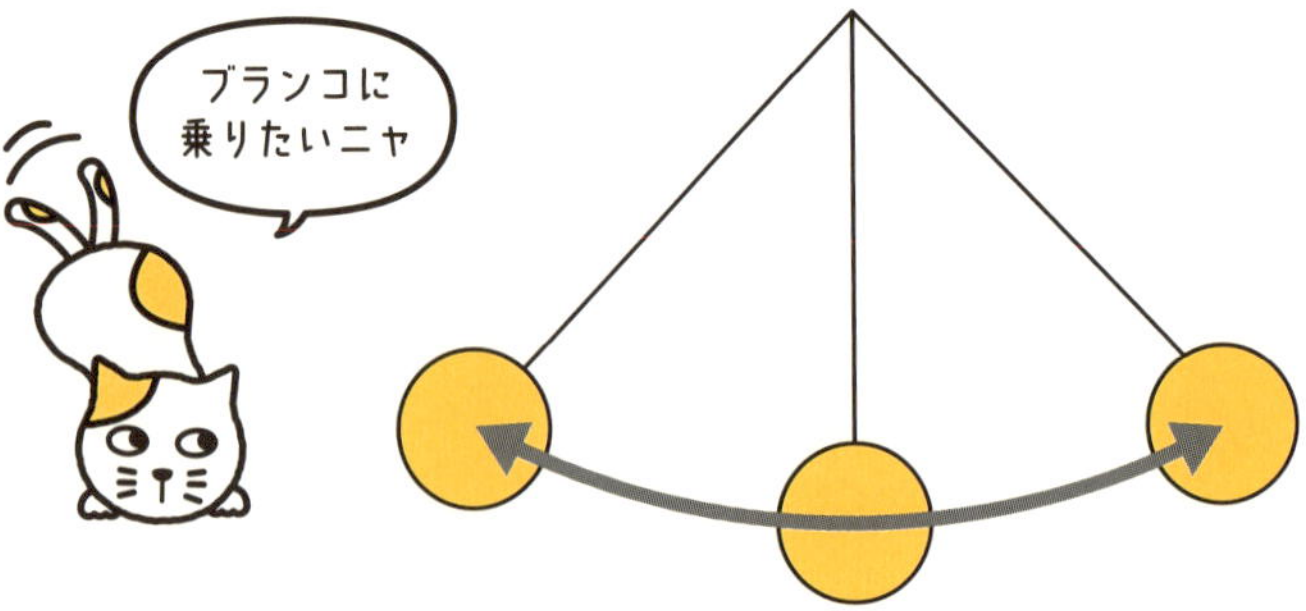

ブランコは、図1に示すように、振り子のようなものです。振り子は、ひもの先に重りが取りつけてあり、ひもの上端が固定されていて、そこを中心に重りが円弧を描いて、行ったり来たりします。この動きは振動と呼ばれていす。そうすると、ひもがブランコに相当し、重りが人に相当するとわかります。

ブランコに乗って、親に背中を1回押してもらうと、図1の振り子のように動き出します。でも、ブランコの上でじっとしているだけですと、徐々に動きが小さくなっていき、そのうちブランコは止まってしまいます。これは、空気抵抗やひもの上端での摩擦によって、運動エネルギーが少しずつ減っていくからです。

だから、ブランコの動きが止まらないようにするためには、体を動かしていないといけません。

図2　ひもの先につけた重りの回転

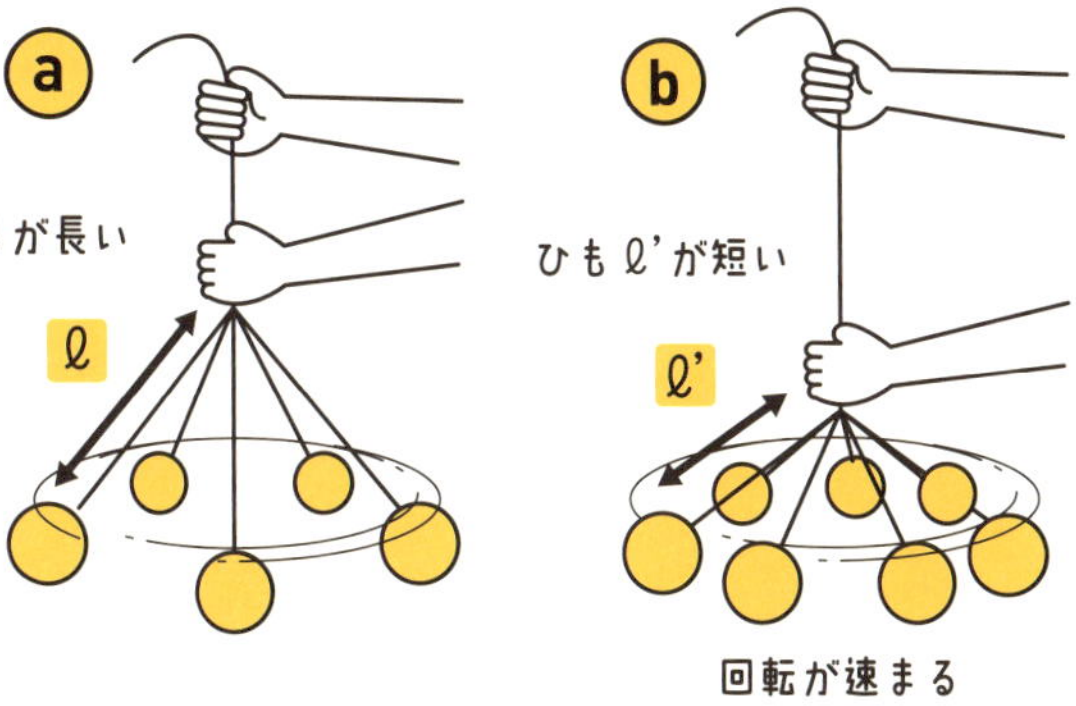

ブランコのひもの長さに着目する

ところで、体の動かし方を考えるために、ひもの長さが変わると何が起こるかを先に考えてみましょう。図2に示すように、ひもの先につけた重りを水平な面で回転させてみます。このとき、回転の中心から重りまでのひもの長さを、この図のⓐに示すℓからⓑに示すℓ'へ縮めたとします。すると、重りはそれまでより早く回転するようになります。これがブランコをうまく漕ぐためのヒントです。

ブランコに話を戻します。図3に示すように、

図3　いちばん下（B）を通過するとき、ひもが短くなると

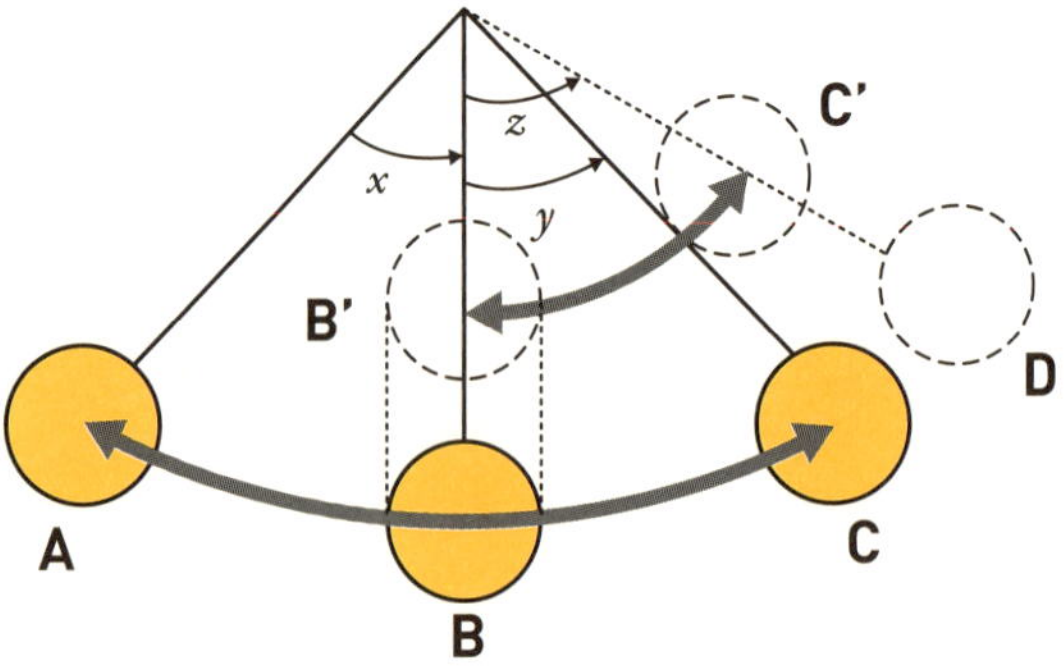

重りが左のいちばん高い地点Aから右へ1回振れる動きを考えてみましょう。ひもの長さが変わらなければ、図3の実線で示すように、いちばん低い地点Bを通過したあとは右へ振れ、左端の最初の位置より少し低い位置Cまで行ったあと、左へ戻り始めるでしょう。ひもが振れる角度で表すと、最初に左へ x 度だけ振れたとすると、右では x 度より少し小さい y 度だけ振れることになるでしょう。

ここで、重りがいちばん下を通過したとき、ひもの長さが短かくなったとします。すると、重りの位置がB'へ変わって動きは速くなります。そのため、図3に破線で示すように、y より大きな角度 z 度だけ右へ振れてC'まで行くことになります。

重りの位置は、ブランコに乗っている人の重心の位置とみなせます。ブランコの上で立つと、人の重心は上に上がり、しゃがむと下へ下がります。ですから、

立ち上がる　↓　振り子のひもが短くなる
しゃがむ　↓　振り子のひもは長くなる

ということです。図3は、最初はブランコの上でしゃがんでいた人がいちばん下を通過するときに立ち上がると、より大きく右へ振れることを表しています。

そこで、右端C'まで行ったとき、もう一度しゃがんでみると、ひもが再度長くなって重心はDへ移ります。

このように、しゃがんだままではCまでしか振れなかったブランコが、「途中で立ち上がって、またしゃがむ」という動作をすることで、Dまで振れることになるのです。

では、Dの位置をなるべく高くするには、どう動けばよいでしょうか。

重りが低いほうへ動くとき　↓　ひもはなるべく長く
重りが高いほうへ動くとき　↓　ひもはなるべく短く

するほうがよいとわかります。すなわち、「重りが最も低いところを通過するとき」に立ち上がるのが最も効果的なのです。

職人芸のワザを「言葉」に置き換える

まとめると、ブランコが下がっている間はしゃがんだ姿勢をとり、ブランコが地面に最も近いところを通過して上がっていく間は立ち上がった姿勢をとる――これが良い方法です。

私たちは経験上、ブランコをうまく漕ぐために立ち上がったりしゃがんだりしています。また、地面スレスレで立ち上がることを知らずしらずに行っていますが、それが実は最適なタイミングだったのです。ぜひ、これを理屈も話ながらお子さんに説明してあげてください。

理論ではなくて経験で覚えた技、あるいは体で覚えたコツというのは、それを人に伝えようとすると、なかなか伝えにくいものです。〝職人芸〟と呼ばれる技の多くがそれにあたり、日本でも古くからの伝統工芸の多くが職人技とされています。言葉だけで伝えるのはむずかしく、ある程度の経験を積んで自ら身につけてもらうしかない、とされています。だからこそ、後継者を育てることがむずかしいのです。

けれども、伝統を絶やさないで後世にきちんと伝えていくためには、少しでも〝職人芸〟とされる技を「数理的な言葉」に置き換える努力が大切だと思います。

野球のベース間を速く走る力学

――「直線コースが速い!」だけでは通じない

［キーワード］速度と遠心力

能力があっても、目的に沿った形で力を発揮していかないと、せっかくの能力も効力が半減します。わかりやすい例が野球の走塁です。直線で50メートルを走るときには速くても、野球の走塁は独特ですから直線を走るままでは十分に走力を活かせません。どういう工夫をすればいいのかを考えてみましょう。

向きを変えながら速く走るには

野球でも、50メートル走とほぼ同様に走るのが1塁までの走塁です。これは内野ゴロを打ったようなケースでは、1塁までただまっすぐに走り抜ければよいでしょう。足の速さがモノをいいます。

一方、2塁打を打ったときや、塁に出たあとの走塁では、事情が異なります。主な違いは次の2つです。

①盗塁で次の塁へ進むときには、進んだ塁に止まらなければならないこと。行き過ぎてベースをハミ出すと、タッチアウトになってしまう。

②2塁打以上を打ったときには、1塁ベースや2塁ベースを踏んだあと、走る向きを変えて走らなければならないこと。よって、まっすぐ走るのとは異なる走り方（大きく膨らみながらベースを通過する）をしなければならない。

①の場合は、2塁に盗塁したら塁上でピタッと止まらなければなりません。ですから、途中まではトップスピードで走っていても、最後はスライディングをして止まりますから、足の速さだけでなくスライディングのうまさも必要です。

②の場合こそ、野球の走塁での最重要ポイントです。ベースを回って次のベースを陥れようとする場合、走る向きを変えなければならず、その際、余計な力が掛かります。

たとえば、バスや電車がカーブを曲がるとき、乗っている人が外側に押し出される感じの力が働きますが、それと同じ力が掛かるのです。

走るスピードと遠心力にはどのような関係がある？

一般に、ものが円周に沿って動くとき、円の外へ飛び出す向きに力が働きます。この力を「**遠心力**」と呼びます。

野球選手が1塁を蹴って2塁へ、2塁を蹴って3塁へと向きを変えながら走るときは、この遠心力の分だけ余計な力が必要で、バランスも崩しやすくなります。急に向きを変えようとすれば走るスピードを落とさなければならず、走るスピードを落としたくなければ、大きなカーブを描いて向きを変えなければなりません。

では、走るスピードと遠心力の間にはどのような関係があるかを次に見てみましょう。

図1に実線で示すように、半径がrで、中心角がaの円弧の長さをbとします。いま、ある短い時間間隔の間に、この円弧上をbの距離だけ走ったとすると、走る向きは角度aだけ変わります。

図1　同じ距離を走っても「半径」が半分だと遠心力は2倍

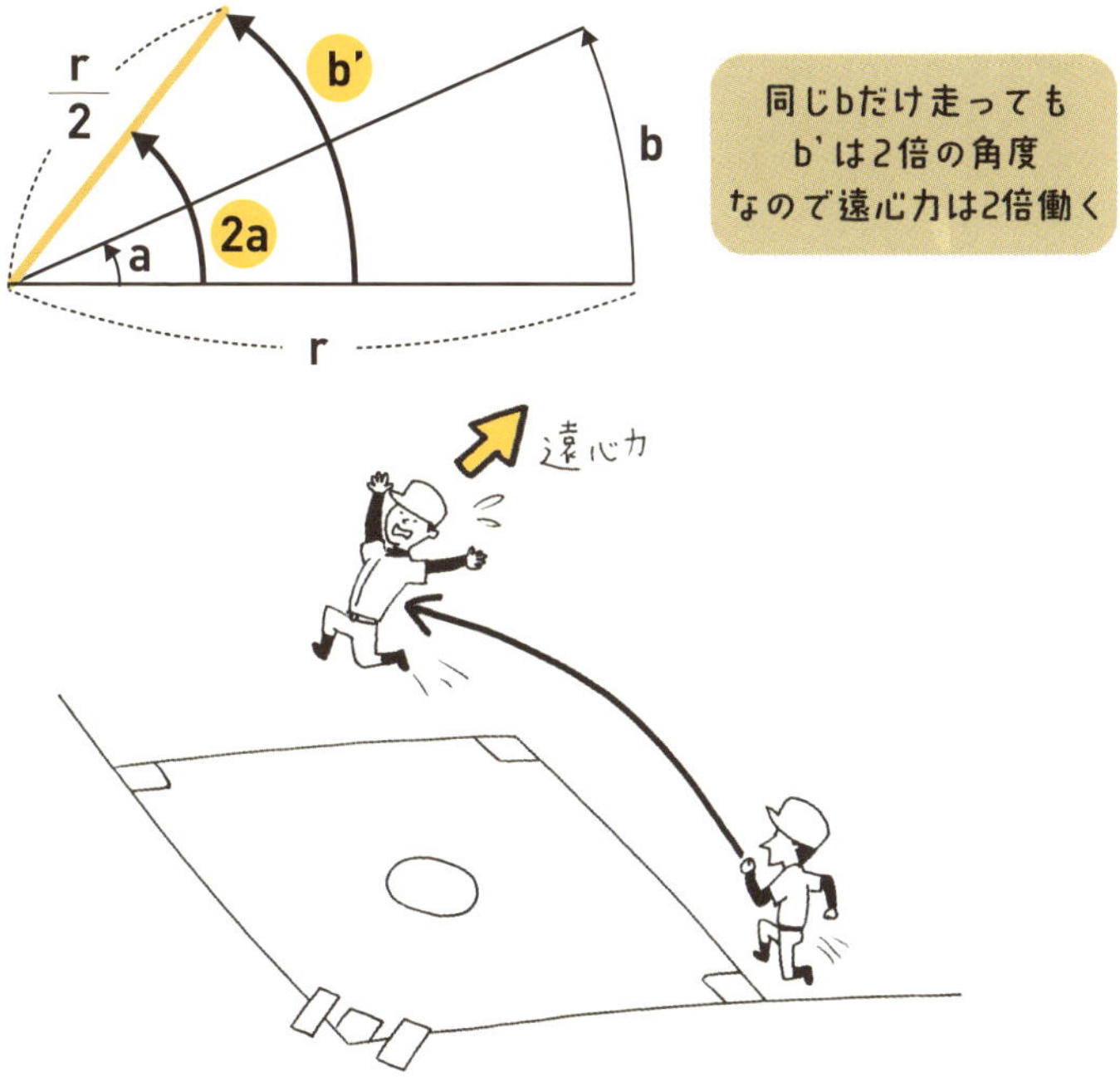
r/2
b'
b
2a
a
r
同じbだけ走っても
b'は2倍の角度
なので遠心力は2倍働く
遠心力

次に、黄色の線で示すように、この半径を半分にすると、円弧の長さも半分になります。ですから、同じ時間間隔に同じ速さでbの距離だけ走ると、中心角を2倍にした小さな円弧の上を走ることになるのです。そうすると、同じ距離bだけ走ったのに、走る向きは、

角度＝2×a

だけ変わります。つまり、半径が半分の円弧上を同じ速さで走ると、単位時間あたりの向きの変化は2倍と

なり、遠心力も2倍となるのです。

もし、走るスピードを落とさないまま、急激に角度を変えようとすると、その選手は遠心力で外へ弾き飛ばされてしまいます。ちゃんと走るためには、スピードを落とすか、円弧の半径を大きくとるかしなければならないのです。

実際には、優れた選手はその両方をうまく組み合わせて、ベースの少し前から外へ少し回り込みながらスピードを落とし、膨らむようにして円弧を描きながら塁を通過し、次の塁の方向へ向いたらトップスピードに切り替えるということをしています。

というわけですから、本来、速く走れるという特技をもっている人が野球でその脚力を生かそうとするときには、たんにまっすぐを速く走るだけではダメで、ブレーキの掛け方、コーナーのまわり方なども習得しなければ、決してベース1周を速く走れる選手にはなれません。

物が動く場合の速度のように、速さの数値だけでなく向きも持つ量は「**ベクトル**」と呼ばれる、と説明してきました。ベクトルで表される現象を理解するためには、その数値の大きさだけではなく、向きの変化も考えなければならないということです。

4章

こんなとき、スウガクの力でどう解決する？

3つの箱、どこに当たりクジが？

―確率は状況によって変わるものか？

【キーワード】モンティ・ホール問題

問題

3つの箱のうち、1つだけ当たりで残り2つがハズレというくじを引きます。私が箱の1つを選ぶと、お店の人が残り2つのうち、ハズレの1つを開けて見せます。そして「いまのうちなら箱を変更してもいいですよ」といいます。このくじを引いた人の間では、「箱を変更したほうが当たりやすいような気がする」という噂が流れています。選んだ箱を変更したほうが当たりやすいなんてことがあるのか、考えてみてください。

最初に3つの箱が並べられたときには、どれが当たりそうかという情報は何もありません。ですから、どの箱を選んでも、当たる確率はすべて同じで、3分の1ですね。

いま、あなたが一番左の箱を選んだとします。そのとき、図2に示すようにその箱が当たる確率は3分の1で、ハズレる確率は3分の2です。すなわち、残りの2つの箱の中に当たりくじが入っている確率は3分の2となります。

ここで、店の人が一番右の箱を開けたとしましょう。その中には当然、ハズレくじが入っています。

このとき、タテの破線より右に当たりくじが入っている確率が3分の2であることに変わりはありませんから、まだ開けていない真ん中の箱に

図1　情報が何もないときの当たりの確率は1/3ずつ

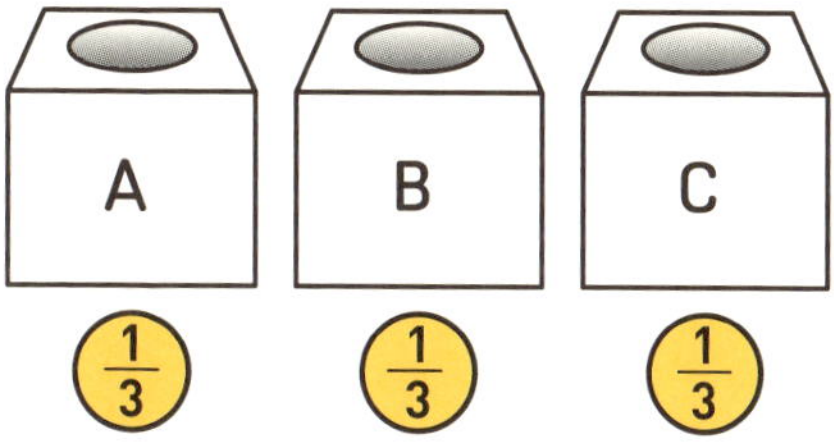

図2　左端のAを選ぶと、当たりの確率は1/3、ハズレの確率は2/3

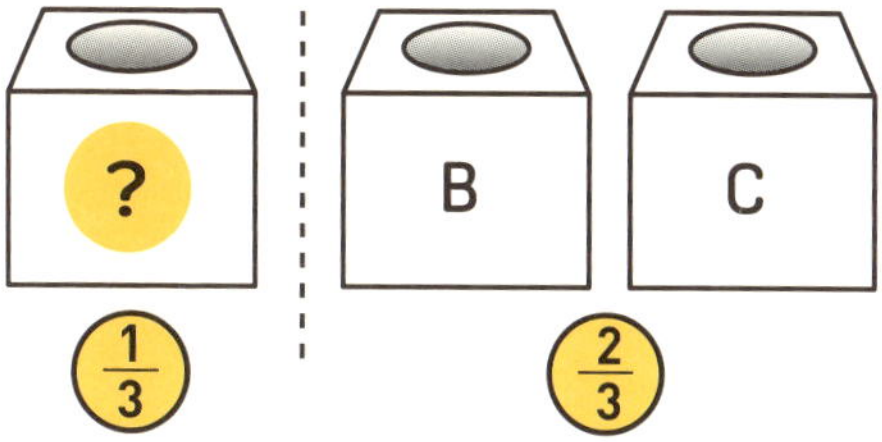

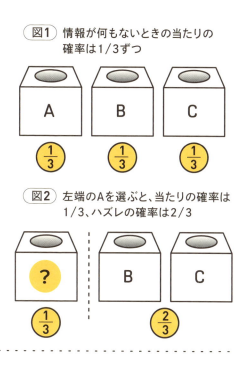

図3 Cが「ハズレ」とわかったら、箱を変えたほうがいい?

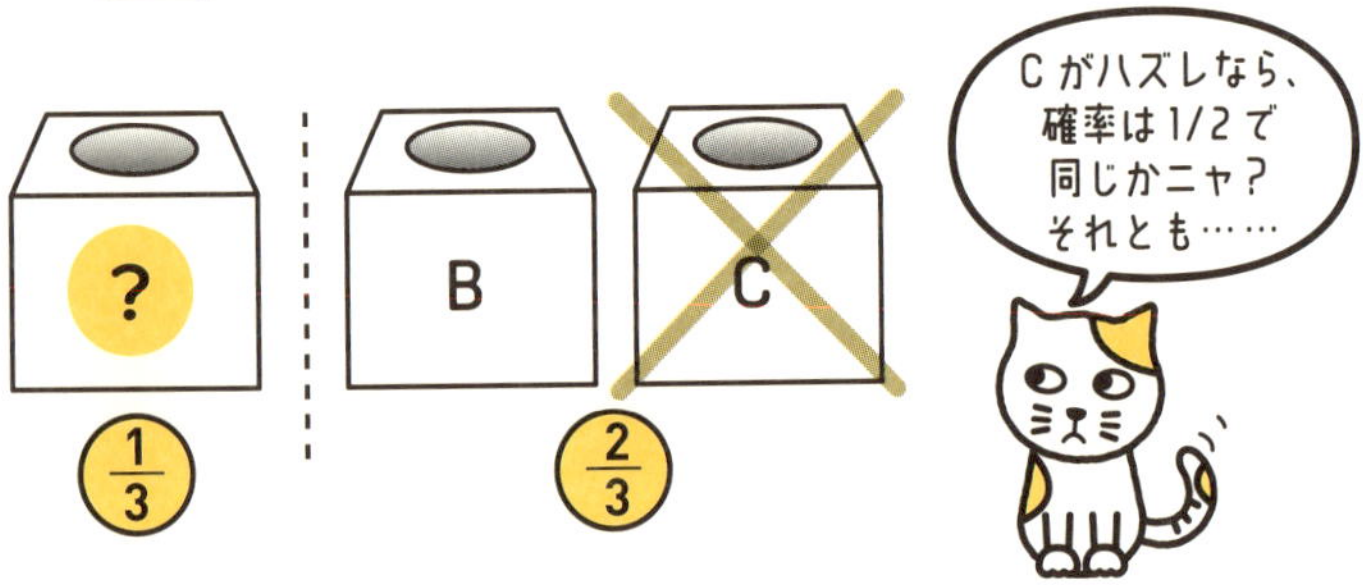

当たりくじが入っている確率が3分の2ある(図3)、ということになります。

このように、一番左の箱が当たる確率が3分の1で、真ん中の箱が当たる確率が3分の2ですから、箱を変更すれば、当たる確率は2倍に増えるのです。だから、あなたも変更すべきという結論です。

大論争となったモンティ・ホール問題

確率は、わかっていない事柄の起こりやすさを数値で表したものです。情報が増えれば、わかっていない事柄の起こりやすさも変化します。この変化を冷静に計算できる人が、世の中を生きてい

くうえでは確実に有利といえます。このことをこの問題で味わっていただけたでしょうか。

なお、この問題は一般に「**モンティ・ホール問題**」といわれているものをアレンジしたものです。もともとは、アメリカのクイズ番組の司会者モンティ・ホールが、3つのドアの向こうに1つだけ賞品を隠す、という設定です。

当初は「変えても、変えなくても同じ」と思われていたのを、「マリリンにお任せ」というコラムにマリリン・ボス・サヴァントという女性が「変更したほうが2倍、当たる確率が増える」と書いたことに対し、多くの数学者が「変更しても、変更しなくても確率は変わらない（1／2）」と異を唱え、論争にまで発展したことで知られています。

海岸線の長さを確定できない？

――くわしく計測すればするほど長くなる不思議

【キーワード】フラクタル幾何学

「日本の国土の面積は？」と聞くと、クイズマニアはすぐに「37万8000平方キロメートル」と答えてくれます。そこで、次に「では、日本の海岸線の長さは？」と聞くと、「それが実は、海岸線のデータを見たことがないんですよ」と答えます。これはそのクイズマニアが勉強不足ということではありません。

また、あるマニアは「日本の海岸線は2万9571キロメートルで世界第6位というのを見たことがありますが、そこには『測り方によって違いが出る』と書いてありました。計測技術の問題でしょうか？」と言いますが、計測技術が不十分だからでもありません。

また、島が多すぎて人手が足りなくて測れないわけでもありません。

海岸線はフラクタル図形

信じられないかもしれませんが、国土の周囲の長さ（とくに海岸線）というものは、そもそも決められないものなのです。いったいどういうことでしょうか？

上の絵を見ていただきましょう。これが仮に、日本の国の海岸線の一部だとします。この図を見て、おおよその地図の縮尺を推定できるでしょうか。できないでしょう。よく使われる5万分の1の地図かも知れないし、25万分の1の地図かもしれません。もしかすると、500分の1の地図かもしれません。つまり、海岸線の形は、どんなに拡大して見てもそれなりに入り組んでいるのです。このような性質をもつ図形は「**フラクタル図形**」と呼ばれています。海岸線は、フラクタル図形の典型なのです。

仮に25万分の1の地図で海岸線を描けば、その線の長さを測ることはできます。でも、それが正しい海岸線の長さとは言えません。なぜなら、もっと拡大した5万分の1の地図では、その海岸線の複雑な出入りがもっと詳しく描かれていて、その出入りを測ればもっと長くなるはずだからです。

つまり、海岸線の長さというのは、詳しく見れば見るほど「正確にわかる！」というものではなくて、詳しく見れば見るほど長くなっていき、いつまでたっても値は定まらない、という性質のものなのです。

かんたんな図からフラクタル図形をつくる

私たちは、一辺の長さがaメートルの正方形の周囲の長さは、

4×aメートル

であることを知っています。

図1　フラクタルな図形って、こうやってできる（コッホ曲線）

1
2
3
4
形がどんどん
複雑になって
いくニャ。

しかし、このように長さが定まるのは、人間がつくった簡単な図形だからです。海岸線のように自然界に現れる形は非常に複雑なため、その周囲の長さは詳しく計測しようとすればするほど、値がどんどん大きくなっていきます。

このことを簡単なフラクタル図形で確認してみましょう。図1は、「**コッホ曲線**」と呼ばれるフラクタル図形のつくり方を示したものです。この図の①に示した1本の線分から出発します。①の線分を3等分し、真ん中の1つを、それを1辺とする正三角形の残りの2辺と置き換えます。すると、この図の②に示す図形が得られます。

同じように、この図の②に現れるすべての線分を3等分し、真ん中の1つを、それを一辺に持つ正三角形の残りの2辺で入れ替えます。すると、③の図が得られます。以下同様です。

図1の①の線分の長さをaメートルとすると、これを3等分してその長さ4つ分でつくった図形が②だから、②の線の長さは、

a×4/3m

です。③は同じ操作をもう一回行って得られたから、その長さは、

a×4/3×4/3m

です。同様に④の長さは

a×4/3×4/3×4/3m

です。このように、コッホ曲線の列を先へ見ていくと、その長さはどんどん大きくなっていきます。

海岸線の縮尺を大きくして詳しく見ていくことは、このコッホ曲線の列を先へ先へと見ていくようなものです。その結果、長さはどんどん大きくなっていき、いつまでたっても長さが定まりません。ですから、日本の海岸線の長さはどこにも書いていないのです。

人工の図形と、自然界の図形はまったく別物

人間が定めた正方形や円という図形と、自然界に現れる国土などの図形は、複雑さがまったく違います。正方形や円などの簡単な図形では当たり前に定まる「周囲の長さ」という数値が、自然界の図形では定まらないことが多いのです。

身の周りの現象を理解しようとすると、このような複雑さを相手にしなければなりませんが、そのために**「フラクタル理論」「カオス理論」**などと呼ばれる新しいスウガクも発展してきました。なかでもコッホ曲線は、フラクタル図形と呼ばれる複雑な性質を持った図形の最も有名な曲線です。

サイコロで8つの選択肢を決める？

——2回に分ければ解決できる

［キーワード］非6面サイコロ

問題

6つの選択肢の中から等しい確率で1つを選ぶときにはサイコロが便利ですが、選択肢が6以外のときにはどう工夫したらよいでしょうか。先日、8つの選択肢の中から1つを選びたかったのですが、サイコロが使えないので8枚のカードでクジをつくり、面倒でした。

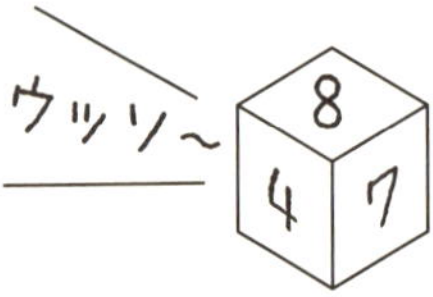

図1　選択肢が8つあるとき、サイコロでどう選ぶ?

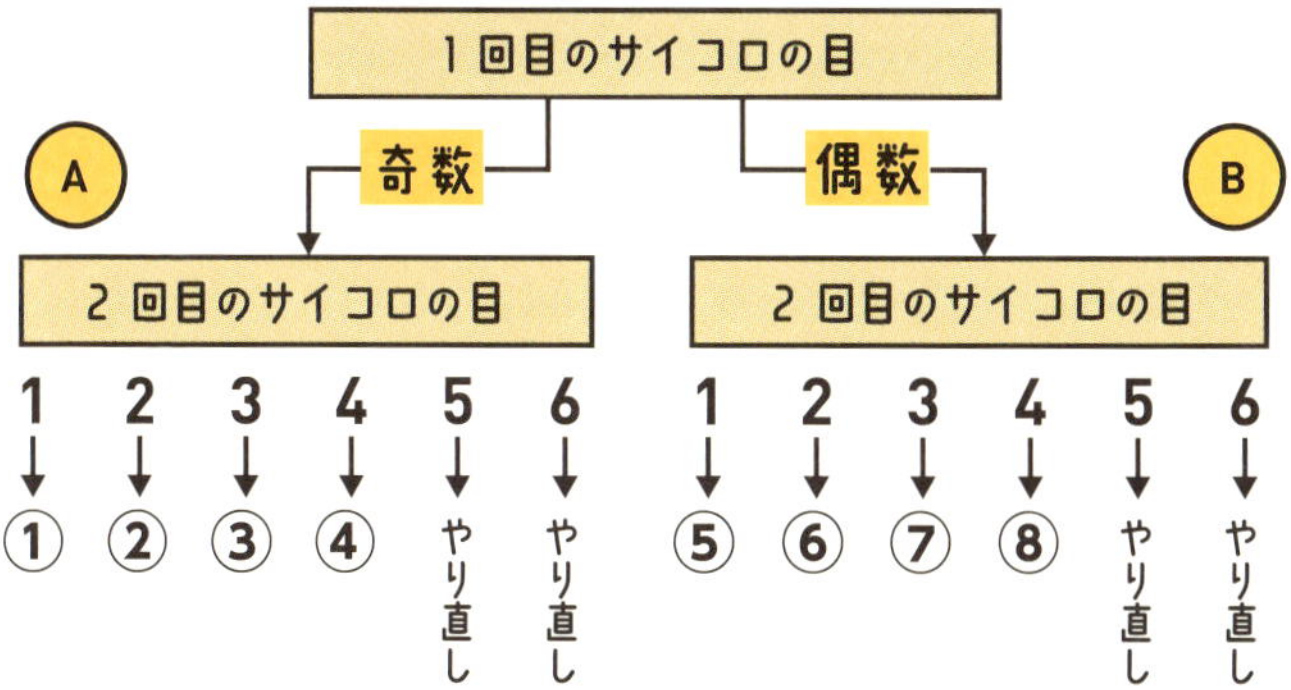

サイコロを2回振るのがミソ

結論からいうと、8つの選択肢の中から1つを選びたければ、図1に示すような方法でサイコロを「2回振る」ようにすればよいのです。

まず、8つの選択肢にそれぞれ①~⑧まで番号をつけます。そして、それを半分ずつ2つのグループに分け、①~④までをⒶグループとし、⑤~⑧までをⒷグループとします。ここでは、ⒶグループとⒷグループに含まれる選択肢の数が等しいことが重要です。

1回目のサイコロで、どちらのグループを選ぶかを等しい確率で決めます。たとえば、奇数が出ればⒶグループ、偶数が出ればⒷグループを選ぶというわけです。いま、奇数の目が出て、Ⓐグループを選んだとします。そのときには2回目のサイコロを振って、1〜4までのどれかが出たら、それぞれ①〜④を選びます。もし、5か6の目が出たら無視し、そのサイコロは振らなかったことにして、もう一度、サイコロを振り直します（1〜4の目が出るまで振り直す）。

次に、1回目に偶数が出た場合は、Ⓑのグループを選びます。このときには、2回目のサイコロの目の1〜4までを、それぞれ選択肢番号の⑤、⑥、⑦、⑧と読み替えます。そして、5か6の目が出た場合には、それはなかったことにして、もう一度、サイコロを振り直します（1〜4の目が出るまで振り直す）。

この方法で、選択肢の①〜⑧までのすべてを等しい確率で選ぶことができます。

選択肢が9つのとき、7つのときは？

では、選択肢が9つある場合はどうでしょうか。この場合は、図2に示すような形で、やはりサイコロを2回振ればよいでしょう。まず、選択肢を①、②、③からなるⒶグループ、④、⑤、⑥からなるⒷグループ、⑦、⑧、⑨からなるⒸグループの3つに分けます。こ

図2　選択肢が9つあるときは?

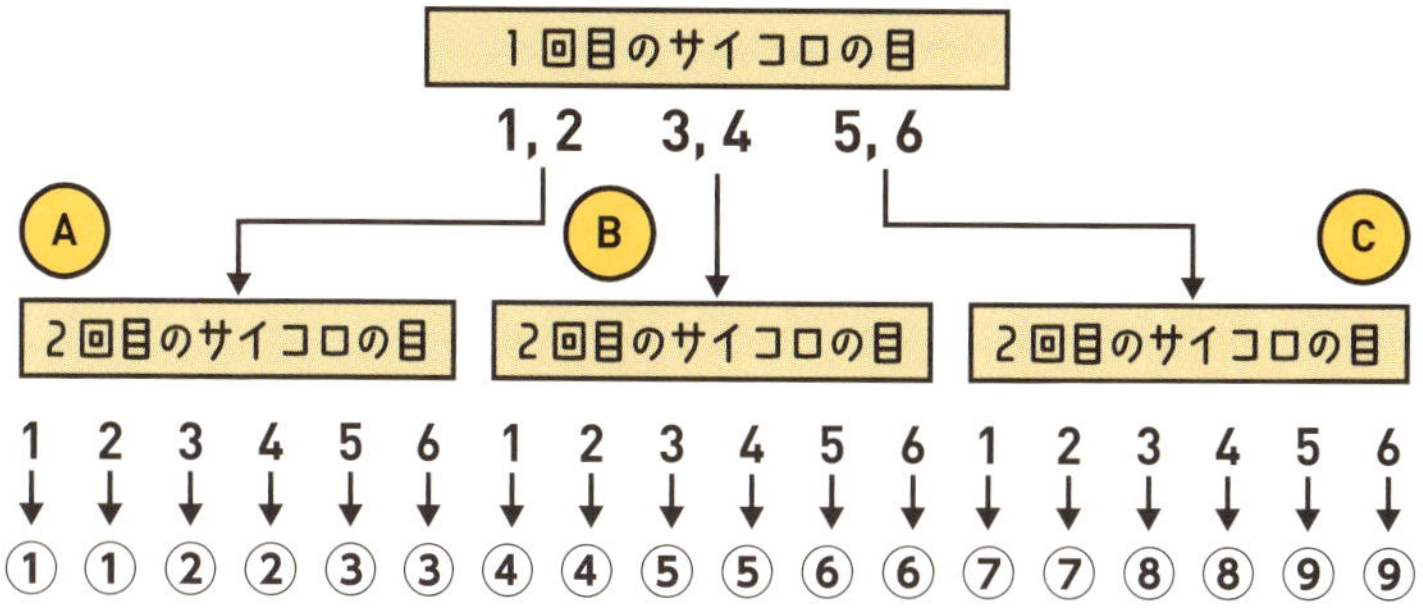

こでも、Ⓐ〜Ⓒの3つのグループに含まれる選択肢の数が等しいことが重要です。そして、1回目のサイコロで1か2の目が出たらⒶグループを選び、3か4の目が出たらⒷグループを選び、5か6の目が出たらⒸグループを選ぶとします。

2回目のサイコロでは、図2に示すように、6つの目を、それぞれのグループの3つの選択肢に2つずつ割り振ればよいでしょう。この場合、たまたま各グループ内の選択肢の種類数3が6の約数なので、すべての目をどれかの選択肢番号に割り振ることができます。その結果、どの目が出ても決着がつき、やり直しはしなくてよいことになります。

たとえば、1回目で4の目が出たらⒷグループを選び、さらに2回目で3の目が出たら、選択肢⑤を選ぶことになります。

　では、選択肢が7種類ある場合はどうしたらよいでしょうか。これを考える準備として、選択肢が5種類以下の場合について確認しておきましょう。いま、選択肢の数nが、2以上、5以下であるとします。このときには、1回サイコロを振って、その目がn以下ならそれを選択肢番号として採用し、nより大きな目が出た場合は、それがなかったことにして、サイコロを振り直します。

　ただし、nが6の約数の場合は、すべての目を等しい確率になるように選択肢番号に割り振ることができます。たとえば、n＝2のときには、奇数なら選択肢①番、偶数なら選択肢②番とみなせばよいでしょう。n＝3のときには、1または2の目が出たら選択肢番号①、3または4の目が出たら選択肢番号②、5または6の目が出たら選択肢番号③とみなせばよいわけです。そうすれば、振り直しをしなくても済みます。

　このように、サイコロの目の数より選択肢の数が少なければ、いつでも等しい確率で選べることがわかっていただけたでしょう。

選択肢の数はいくつでも大丈夫

ここで、先ほどの図1に示した選択肢が8種類の場合を思い出してください。この方法で8つの選択肢の中から1つを等しい確率で選ぶことができました。これはつまり、目の数が8のサイコロが手に入ったことと同じことと考えられます。だから、このサイコロを使えば、8より少ない7つの選択肢の場合にも、その1つを等しい確率で選ぶことができるわけです。つまり、図1の手続きを8つの目を持つサイコロとみなし、これを振って1〜7までのいずれかの目が出ればその選択番号を選び、8が出たら図1の手続き全体をやり直します。

この考え方を延長すれば、選択肢の数がいくつであっても、6つの目しかない普通のサイコロを使って、等しい確率で選択肢を選ぶ手続きをつくることができるというわけです。ですから、わざわざ手間をかけてクジをつくる必要はなかったのです。

このように、選択肢の数が6より大きい場合にも、サイコロを使って等しい確率で1つを選ぶ手続きをつくることができます、このとき大切なのは、選択肢をグループ分けするときに「同じ数に分ける」ことです。同じ数のグループに分けるからこそ、等しい確率で選択できるのです。

複雑な形の池、その面積に挑戦！

――大きい方、小さい方の両側から攻めてみる

［キーワード］アルキメデスの接近法

問題

A町の役場に勤めている者ですが、A町の郊外には大きな池があります。この20年、周囲から流れ込む土砂によって池がずいぶん小さくなってきたので、20年前と現在の地図を比較して、池がどの程度小さくなったかを調べたいのですが、池はとても複雑な形をしています。この池の面積をかんたんに計算する方法はないものでしょうか。

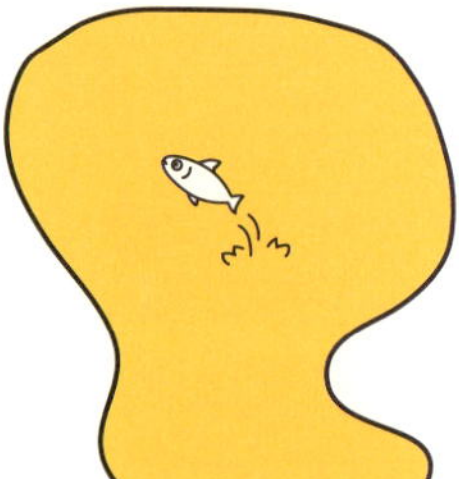

面積というと、「タテ×ヨコ」のようにすぐに思い浮かべます。土地区画整理のなされた場所なら、長方形をもとにした計算ができることも多いでしょうが、池のような自然を相手にすると、形が長方形や円ではないので、かんたんに計算できません。どう考えたらよいでしょうか。

「この範囲内に真の値がある」という方法を考える

複雑な図形の面積を求めるためには、「大きいほうから」と「小さいほうから」の2方向から徐々に接近していくという方法が有効です。

一辺が1メートルの正方形の面積は1㎡です。ですから、一辺がaメートルの正方形の面積はa×a㎡です。一般の図形の面積は、このように「正方形の面積の何個分か」を調べることで測ることができるはずです。

149ページの図1のⒶに示すように、薄い方眼紙を地図の上に重ねてみましょう。この正方形の一辺の長さが地図上では16メートルに相当したとします。すると、1個の正方形の面積は16×16＝256㎡です。

このとき、

①池に完全に含まれる正方形（灰色）

②池と部分的に重なる正方形（薄い黄色）

③まったく池と重ならない正方形（白色）

に分かれます。灰色で示した正方形は2個あります。ですから、その面積は256×2＝512㎡です。少なくとも、池の面積はこれより大きいことはわかります。

次に、灰色と黄色の正方形は合わせて15個ありますから、その面積は256×15＝3840㎡で、池の面積はこれより小さいはずです。

したがって、池の面積は、

512㎡ ≦ 池の面積 ≦ 3840㎡

とわかります。でも、これでは範囲が大きすぎて絞り込めていません。

そこで次に、図の1のⒷに示すように、それぞれの正方形のタテ、ヨコのまん中に線を入れ、4個の正方形に分割してみます。すると、正方形の一辺の長さは16メートルではなく半分の8メートルとなりますから、その面積は8×8＝64㎡です。

池に完全に含まれる正方形は、図1のⒷの灰色で示した20個で、その面積は64×20

図1　池に方眼紙を重ねてみる

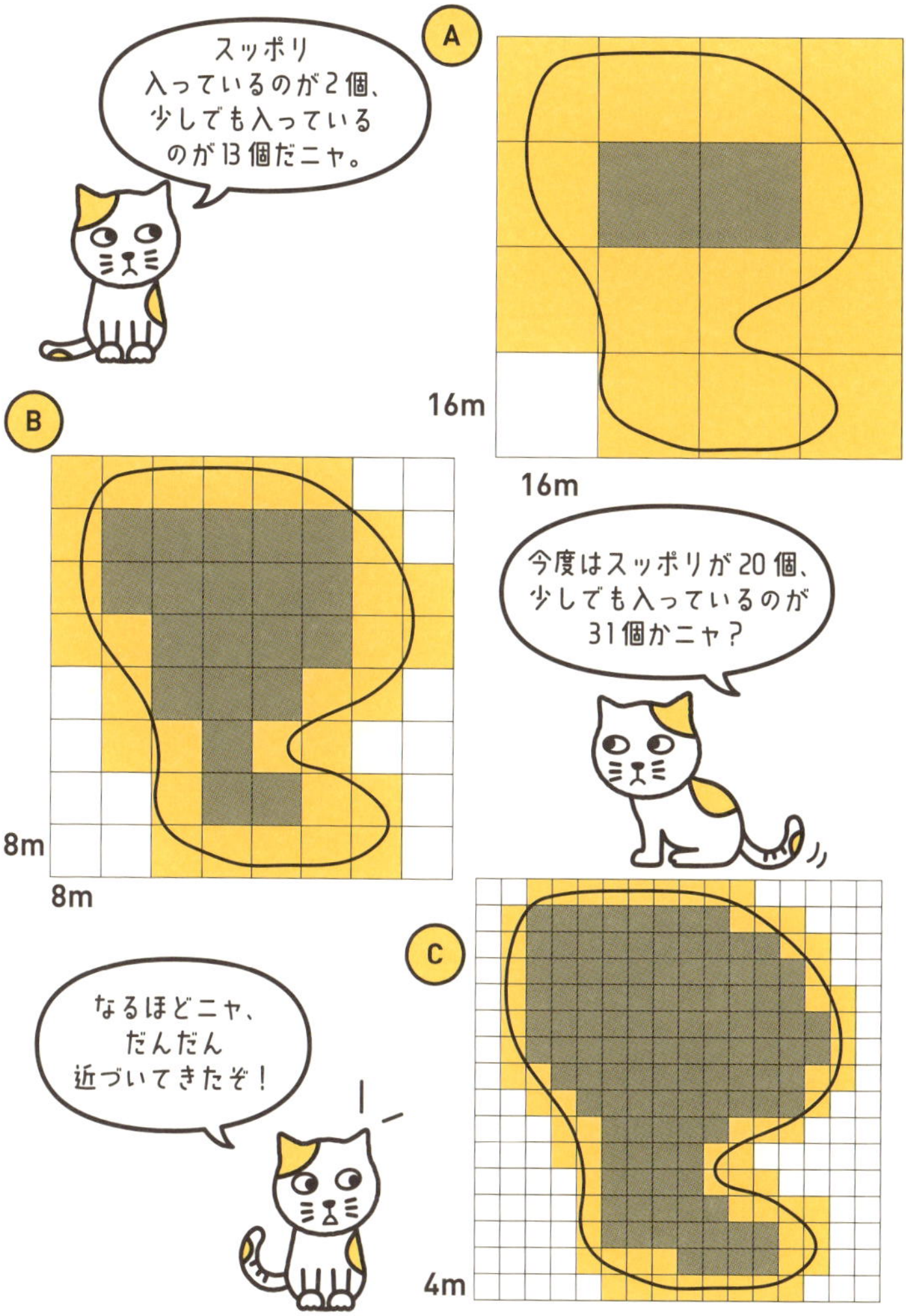

＝1280㎡です。一方、池に少しでも重なる正方形（図1のⒷの灰色と黄色で示した正方形）は50個ありますから、その面積は64×50＝3200㎡です。

したがって、池の面積は、

1280㎡≦池の面積≦3200㎡

とわかります。

ここでさらに正方形を4分割すると、図1のⒸのようになり、灰色正方形と黄色の正方形の数から、池の面積をより正確に絞り込めます。

アルキメデスの挟み撃ち法

この方法で円周率を「3・14」まで算出したのがアルキメデスです。アルキメデスは、円（直径1）に内接する正六角形、外接する正六角形の長さを計算して、

3＜円周＜3.464……

とし、次に、内接・外接する正6角形を、正12角形、正24角形、正48角形、正96角形まで計算していくことで、ようやく、

3.1408 < 円周 < 3.1428……

まで求めました。これを見ると、「3・14までは正しい値である」ことがわかります。

その円周率は、この「池の面積を求める」場合と同じ考え方を使って求められた歴史があるのです。

図2　正6角形の内・外から狭めていく

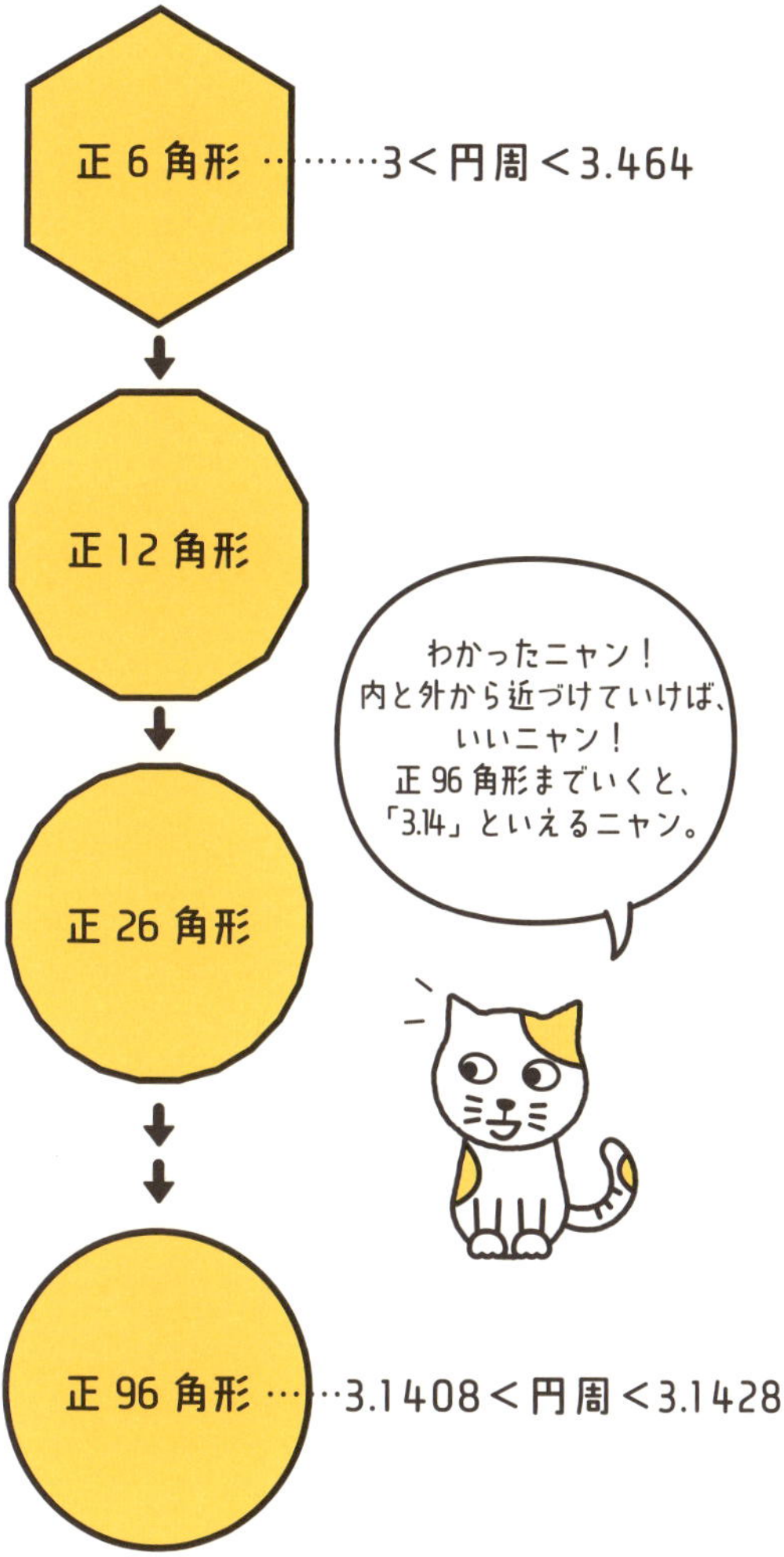
正6角形 ………3<円周<3.464
正12角形
正26角形
正96角形 ………3.1408<円周<3.1428
わかったニャン！
内と外から近づけていけば、
いいニャン！
正96角形までいくと、
「3.14」といえるニャン。

「できない」ことを示すのもスウガクの威力

——自分の力不足ではないことを示す

[キーワード] 最大公約数の効果

問題

キャンプ場で料理をつくっているとき、みりん50㎖（ミリリットル）、牛乳160㎖が必要になりましたが、計量カップを持っていませんでした。たまたま、280㎖、500㎖のペットボトルがあったので、それを使うと160㎖はつくれましたが、50㎖はどうしてもつくれません。うまく50㎖をつくる方法はあるのでしょうか。

160㎖をどうやってつくるか？

容器で計れるのは、「足し算、引き算」を施して得られる量だけです。

280㎖と500㎖の容器を駆使して、どのような量がつくれるかを考えてみましょう。まず、両方の容器にいっぱいに満たした液体をあわせると、

280 + 500 = 780㎖

となりますから、780㎖をつくることができます。足し算すれば780㎖です。

次に、引き算です。500㎖の容器にいっぱいに満たした液体を280㎖の容器に移すと、残った量は、

500 − 280 = 220㎖

となりますから、220㎖をつくることができます。

ここでつくった220㎖を280㎖の容器に入れると、あと60㎖だけ入る余裕が残ります。そこで、500㎖の容器にいっぱいに満たした液体をこの余裕の60㎖分だけ移すと、

500 − 60 = 440㎖

ということで、440mlが残ります。

さらに、280mlの容器を空にして、いまつくった440mlからそこへ移すと、160ml残ります。すなわち、

440 − 280 = 160 ml

をつくることができます。

こうして、最初にほしかった160mlをたしかにつくることができました。これだけ複雑な手続きを見つけたあなたは偉い。

つくれるのは最大公約数の整数倍のみ

ここまでの行程を見てわかるように、280mlと500mlの容器を使ってつくれる量は、容器を使って「足し算、引き算」を繰り返して得られる量だけです。逆に、そうやって得られる正の数は、いずれもこれら2つの容器を使ってつくることができます。

では、どんな数が、280と500の容器から、足し算、引き算だけでつくれるでしょうか。試行錯誤的に「やってみればいい」という考え方もあるかもしれませんが、絶対

図1　160mlをつくる手順

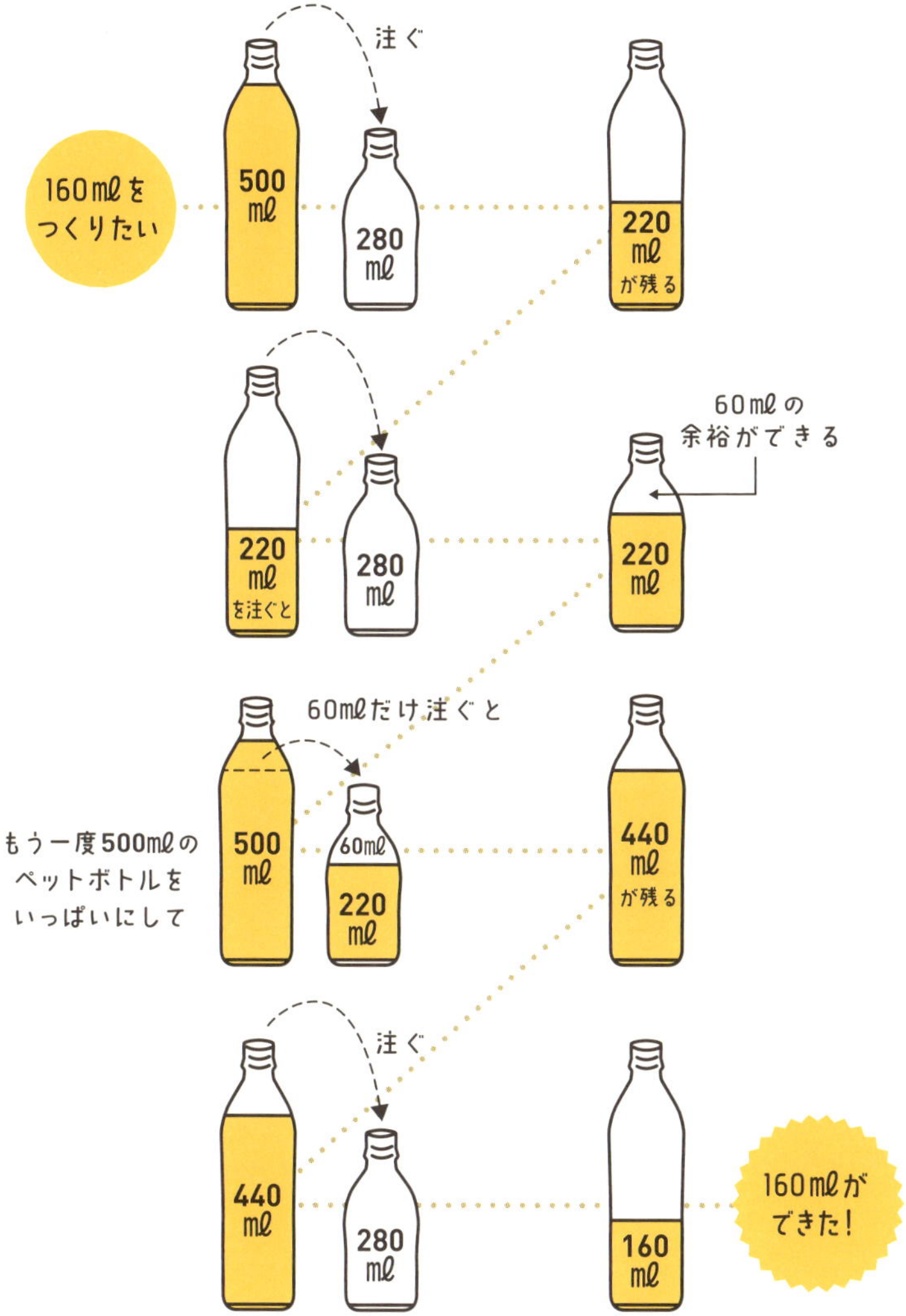

にできない量であれば、試行錯誤するのは時間のムダです。

どんな量ならできて、どんな量ならできないか——それを知るには、この2つの数を同時に割り切る最も大きい数を求めればよいのです。その数はいくつでしょうか。答を先にいうと、20です。実際、280も500も20で割り切れますが、20より大きな数で280と500をともに割り切るものはないからです。

このように、2つの数をともに割り切る最も大きな数は、その2つの数の「**最大公約数**」と呼ばれます。280と500の最大公約数は20です。

2つの容器でつくれる量は、その2つの容器の容量の「最大公約数（ここでは20）の整数倍」に限られることがわかっています。ですから、280㎖と500㎖の容器でつくれる量は、20の整数倍だけなのです。すなわち、

20、40、60、80、100、120、…………

だけがつくれます。

ですから、160㎖はつくれても、50㎖はどんなに試行錯誤しても「つくれない！」のです。スウガクの力は凄いですね。

「できない」ことを示すのに意味はあるか？

ここでは「50mℓはつくれない」ということを示しました。「つくれない」ことなんか示しても何の役にも立たないのではないか、と思う人もいるかもしれませんが、とんでもありません。つくれないことを示すことは、立派に役に立ちます。

第一に、ひょっとしたらつくれるかもしれないと思って、いつまでもチャレンジを続け、ムダな時間を浪費する愚《ぐ》を避けられること。第二に、つくれないのは自分の無能のせいかもしれないと卑下《ひげ》するバカバカしさを避けることができること。だから、「つくれない」ことを示すことは、とても大切なのです。

このように、スウガクは、問題を解くだけでなく、場合によっては「解けないこと」を示すことで解決するという力も持っています。これもスウガクの大切な働きの1つなのです。

目的なしのアンケート、さて何を得られる？

——2者間の行動パターンを探る

【キーワード】データマイニング

企業の人からの相談でいちばん困るのが「我が社の商品について、お客様から好き嫌いのアンケートを取ってみたのですが、これをどうまとめるとよいでしょうか」といった質問です。最初に「何を聞き出そうか」という明確な意思がないアンケートを取るというのは驚きですし、それで集まってきた漫然とした回答から「どうまとめればいいか？」と聞かれても、こちらだって困ります。こんなとき、どうすればいいでしょうか。

いま、表1のようなアンケートの結果があるとき、そのデータから何か役立つ情報を取り出せるように、うまいまとめ方を考えてみましょう。

表1　商品の好き嫌いのアンケート結果

顧客No.	商品A	商品B
001	○	×
002	×	○
003	○	○
004	○	○
005	○	×
006	×	○
007	○	×
⋮	⋮	

（○ 好き；× 嫌い）

これだけしか聞いてないアンケートで分析？困ったニャぁ。

それぞれの商品について、好きな人、嫌いな人の数を数えることは当然やるでしょう。その次に調べてみたいのは、2つの商品の関係ですね。次ページの図1に示すように

商品Aを好きな人がa人
商品Bを好きな人がb人
商品AとBを両方とも好きな人がc人

だったとします。このとき（a＋b－c）は商品A、商品Bの少なくとも一方を好きな人の数です。そこで、

$$P = c \div (a + b - c)$$

という数を考えます。分母は商品A、商品Bの少なくとも一方が好きな人の数です。分子のcはA、Bの両方を好きな人の数です。

図1　cは重なり部分

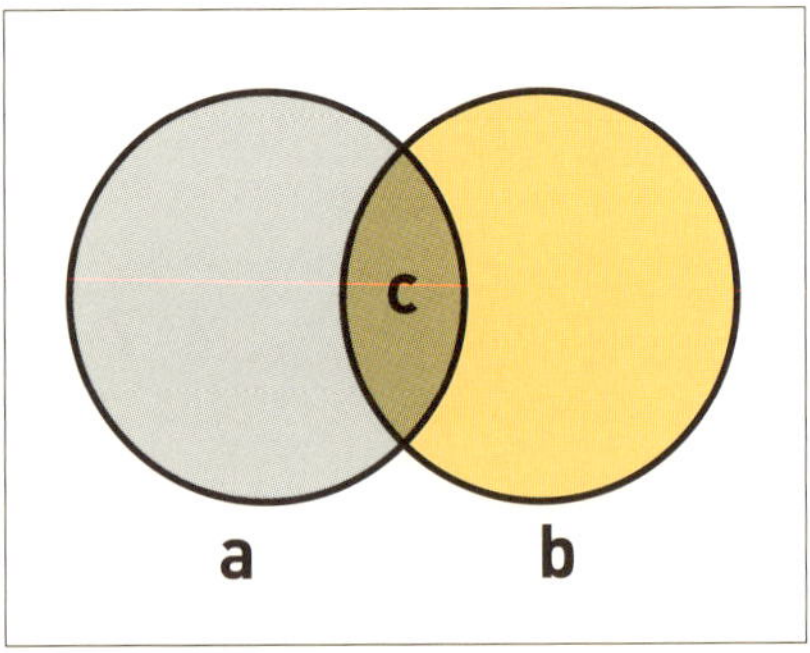

全員が「両方とも好き」なら、a＝b＝cだから、

P＝c÷（c＋c－c）＝c÷c＝1

となります。

両方好きな人が1人もいないならc＝0だから

P＝c÷（a＋b－c）＝0÷（a＋b）＝0

となります。

一般にPは0～1までの値を取り、もし、「商品Aが好きな人は商品Bも好き」という傾向が強ければ1に近づき、商品Aと商品Bで「どちらか一方が好きな人はもう一方が嫌い」という傾向が強ければ0に近づきます。そして、商品Aの好き嫌いと商品Bの好き嫌いの間に特に関係がなければPは0・5に近い値となるでしょう。ですから、Pの値を計算すれば2つの商品の間に「どういう関係があるか」が見えてくるのです。

商品間の関係、顧客間の行動を調べる

以上は、商品の間の関係を調べる方法です。同じような考え方で、顧客の間の関係を調べることもできます。好き嫌いのアンケートを取った商品の数をrとし、そのうち、顧客iと顧客jが「2人とも好き」と答えた商品の数がs、「2人とも嫌い」と答えた商品の数がtであったとします。そして、

$$Q = (s + t) \div r$$

とします。Qは2人の好き嫌いのパターンが完全に一致していれば1、まったく逆なら0の値を取ります。一般にQは0～1までの値を取り、2人の好き嫌いのパターンが似ているほど1に近くなります。

このようにして、2つの商品の好き嫌いのパターンの傾向や、2人の顧客の好き嫌いのパターンの傾向などをアンケート結果から取り出すことができるのです。たとえば、商品Aと商品Bのどちらかを好きな人は、もう一方を嫌う傾向が強いという結果が出たら、これら2つの商品を同時に宣伝することは得策ではなさそうだとわかります。

いつのまにか集まるビッグデータ

最近では、アンケートも取っていないのに、いつの間にかデータが集まっている……というケースはたくさんあります。たとえば、スーパーのレジで見ると、会計を済ませたお客さんそれぞれが「何を買ったのか」のデータが自動的に集まります。しかも、そのデータ量は膨大です。

このようなデータは「**ビッグデータ**」と呼ばれます。そして、その中から何か役に立つ情報を取り出そうとする試みは「**データマイニング**」と呼ばれる統計手法です。マイニングとは貴重なものを求めて地面を探ることを意味します。地面の場合は、探索装置や採掘装置が必要ですが、データをマイニングするためには「スウガク」の知識が必要となるのです。

5章

幾何力を発揮して解決法を探る

なぜ人は方角を間違える？

──昼でも夜でも「南の方角」を知る方法

【キーワード】脳の勘違い

最近は、テレビ番組の影響もあってか、街中を歩きながら「地形」を観察することを楽しみとする人が増えてきたようです。とりわけ古い町並みや城下町の街歩きは人気です。

けれども、古い町の場合は風流なのですが、城下町などではわざと道筋をまっすぐにしていないためか、少しでも油断をしていると、自分の向かっている方角を間違えることもしばしばです。極端なことを言うと、南へ向かっているつもりが、いつの間にか北へ向かっているという不思議なことだってありえます。初めての町でもこのような勘違いをなくす方法はないものでしょうか。

脳が起こす2つの勘違い

実は「南に向かっていると思っていたのに、北に……」といったことは、方向オンチを自称する人でなくても起こり得ることです。その主な原因は、私たちの脳が「道＝直線」「交差点＝直角」と考えがちなことが原因です。とくに、見知らぬ土地、あるいは初めての道を歩くとき、私たちの脳は次のように思い込みやすいようです。

> **思い込み①**：1本の道というのは、まっすぐにのびた直線である。
> **思い込み②**：交差点とは、2つの道が直角に交わっているものだ。

みやげもの店などをのぞきながらぶらぶら歩くときには、道の実際の形にはあまり注意を払っていません。そんな場面では、この①、②を無意識のうちに仮定し、見知らぬ街中を歩いてしまいます。

いま、167ページの図1に示すように、出発点から矢印の方向に道を進んだつもりだったとしましょう。すなわち、出発点から北へ向かって進み、最初の交差点Aで左へ折れて西へ向かい、次の交差点Bで右へ折れて北へ向かい、次の交差点Cで左へ折れて再び西へ向かい、さらに交差点Dで右へ折れて、再び北へ向かったつもりになっているわけです。

一方、実際の道路は図2のようになっていたとします。道路は必ずしも直線ではなくて、カーブをしているところもありますし、交差点では必ずしも2つの道路が直角に交わっているわけでもありません。

南に向かっているつもりが「北」へ？

この道路を出発点から北へ向かって進み、交差点で図1と同じように右や左へ折れる場合を考えます。Aで左へ折れると、北西の方向へ向かいますが、先ほどの「思い込み②」によって、「西へ向かっている」と思うでしょう。

次にBで右へ折れると、東へ向かうことになりますが、思い込み②によって北へ向かっていると勘違いしがちです。次にCで左へ折れると北へ向かうことになりますが、ここでも思い込み②によって「西へ向いた」と思い込み、交差点Dへ達したときには道が曲がっ

図1 「Eは北の方角」という勘違い

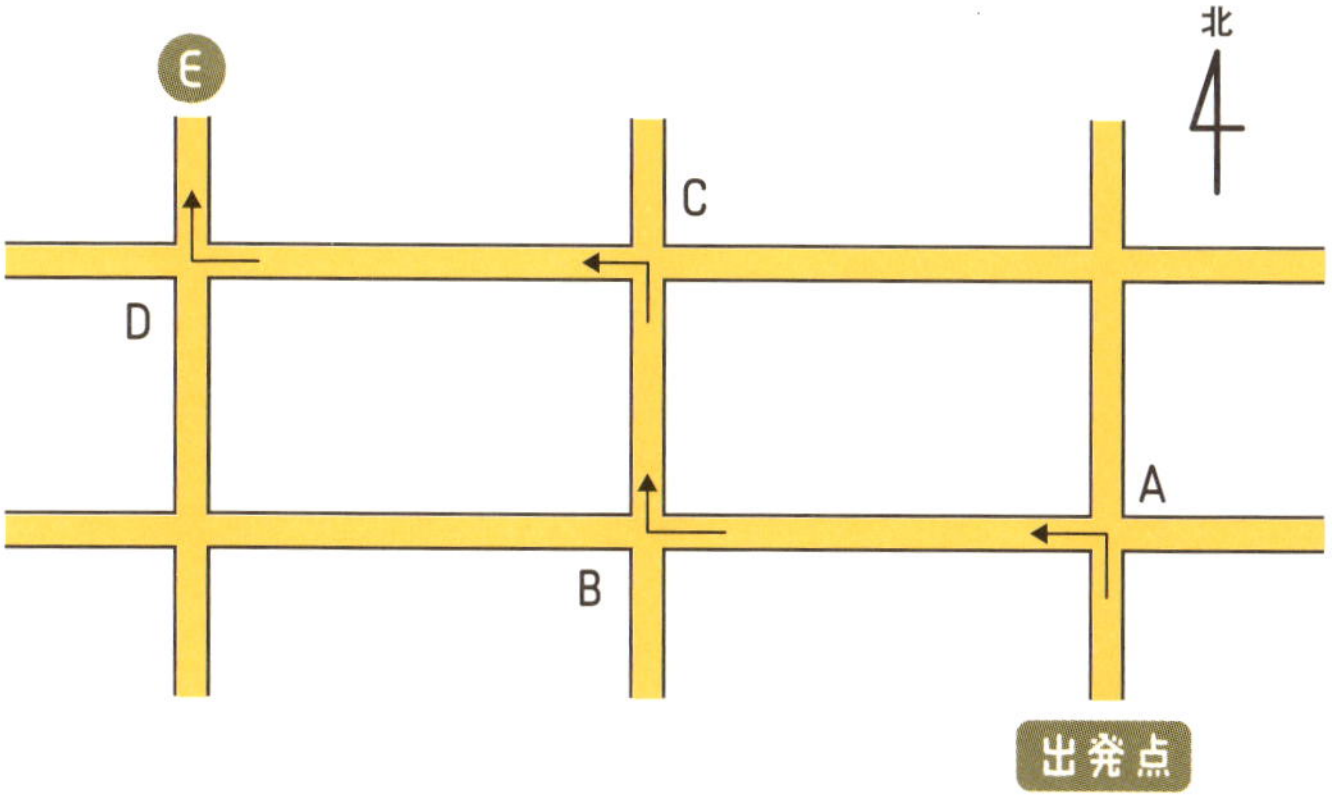

図2 「Eは南の方角」だったのか!?

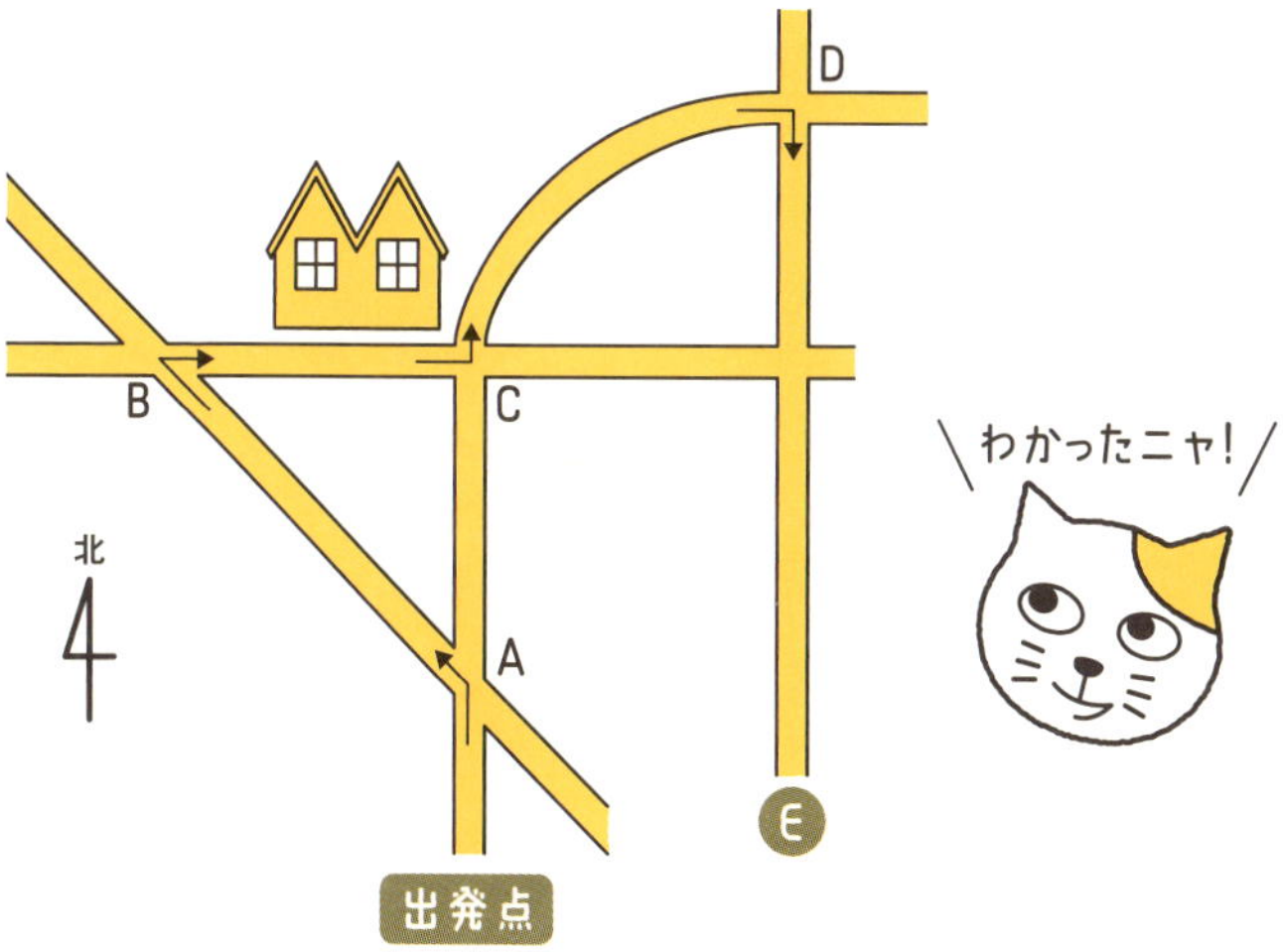

ているために本当は東へ向かっているはずなのですが、「思い込み①」によって、「西へ向かって歩いてきた」と思います。

すると、Dで右へ折れたとき、再び北へ向きを変えたと思い込みやすいことになります。その結果、本人は北へ進んでいるつもりになっているのですが、実際には南へ向かっていた……なんてことが起こるわけです。

そういうわけで、もし道に迷いたくなかったら、私たちの脳がもっている思い込み①、②の傾向をよく知ったうえで、自分がいま現在歩いている道の形を客観的に観察することが大切です。

夜でも東西南北を見抜く方法

見知らぬ土地で方向オンチにならないためには、東西南北を知る手がかりはできるだけたくさん頭の中に入れておくのがよいでしょう。ケースによっては、使える場合と使えない場合があるからです。たとえば、晴れている日中であれば、夕方の4時に太陽のある方向は「東」ではありません。「西」の方角だと自動的にわかります。しかし、雨の日や夜にはこの知識は使えません。雨の日でも、夜であっても役に立つ道しるべは何かあるでしょうか。

ありますか。たとえば、衛星放送を受信するパラボラアンテナの方向です。衛星放送の電波は赤道上の静止衛星から送られてきますから、パラボラアンテナの向いている方向は「南」とわかります。

この人工衛星は地球から見て静止して見えるために「静止衛星」とも呼ばれていますが、静止して見えるためには、地球の自転と同じように回転しなければなりません。それができるのは、人工衛星が赤道上を回転している場合だけです。このため、パラボラアンテナは常に赤道の方向、すなわち「南の方向」を向いているのです。

南の方向といえば、太陽光発電があります。設置スペースによっては「すべて南」とはいい切れませんが、数件の家を見ればだいたいの南の方向がわかります。

このようにさまざまな情報で「脳の勘違い」を補正していくとよいでしょう。

総当たり戦の対戦スケジュール

――「円」を使えば円滑に回せる

【キーワード】点と線でつなぐ

1章で「ネットワーク」や「割り当て」という考え方を説明しました。いわば「点と線」をつなぐ方法で研修参加者と掃除の分担（場所）を決めていくという方法です。もし、これを試行錯誤で解いていこうとすると、かなり手間が掛かります。

同じように試行錯誤で解こうとすると手間がかかるものに、サッカーや野球などの総当たり戦（リーグ戦）での対戦スケジュールを組む問題があります。これもやはり、「点と線」で対応することができます。

たとえば、あなたが地元の小学校のサッカーチームの世話をしていて、同じ町の6チームで総当り戦を行うことになったとします。毎週日曜日、各チームが1試合ずつ試合をし、5週かけてすべてのチームと当たるようにしたいとしましょう。わずか6チームですか

表1　どうやって対戦スケジュールを決めていく？

チーム＼週	1	2	3	4	5
A	B	C	D	E	F
B	A				
C		A			
D			A		
E				A	
F					A

ら、対戦スケジュールを組むのはかんたんと考えているかもしれませんが、どのようにしてスケジュールを組むでしょうか。これも試行錯誤で進めていくと、かなりきつい仕事です。

わずか6チームのスケジュールでも試行錯誤では……

いま、6チームをA、B、C、D、E、Fとしておきます。上の表1のようにチーム名を左端にタテに並べ、週番号を上端に第1週から第5週まで並べます。そして、各チームの横の欄には、それぞれの週で対戦する相手チームの名前を書くことにします。これで準備はできました。
たとえば、チームAが第1週～第5週まで、順にチームB、C、D、E、Fと対戦することにすると、表1のようになります。チームAの第1週の枠にはBが入ります。それと呼応して、チームBの第1週の枠にはAが入ります。ほかのチームも同様です。
この表の残りの枠を皆さん自身で埋めてみてください。ただし、次の2つのルールを守らなければなりません。

ルール①：おのおのの横の行には、自分以外のすべてのチーム名が1回ずつ現れなければならない。
ルール②：おのおのの縦の列では、対戦する2つのチームの名前がそれぞれ相手チームの行にペアで現れなければならない。

この2つのルールを守って表を埋めていこうとすると、たいてい途中で行き詰ってしまいます。総当りの対戦スケジュールを組むことは、案外むずかしいのです。

図1　円を利用すると自動的に対戦相手を決めていける

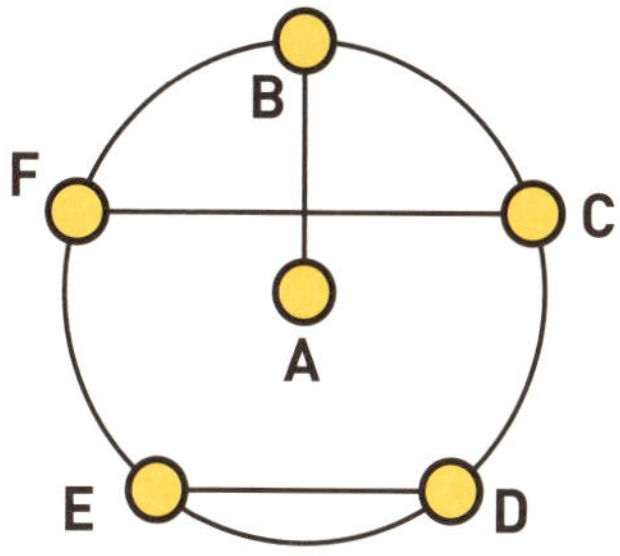

①AとBを結び、残りはABに垂直な線分になるように結ぶ

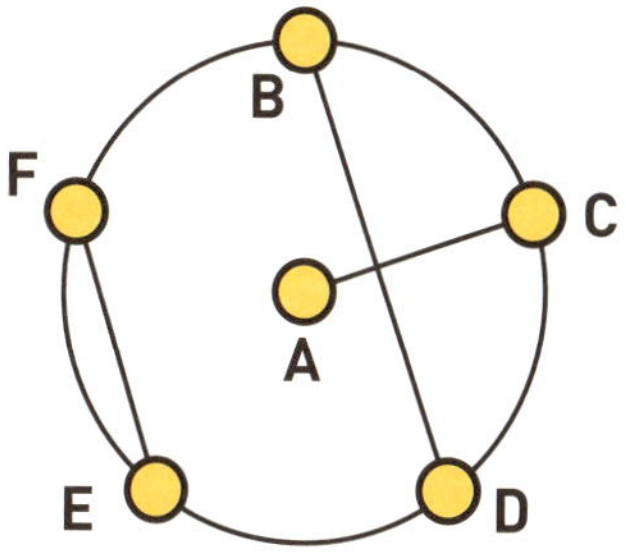

②5分の1回転させる

シンプルに対戦相手を決めていける賢い方法

でも、うまい方法があります。まず、上の図1のように円を描き（①）、その中心をAと名付けます。次に円周上に等間隔に5点を取り、順にB、C、D、E、Fと名付けます。そして、AとBを線分でつなぎ、この線分と垂直な線分で残りの点をつなぎます。ここでつながれたチーム同士（AとB、CとF、DとE）が、第1週に対戦するものとします。

今度は、図1の②に示すように、AとCを線分でつなぎ、残った点をACと垂直になるような線分でつなぎます（①の3本の線分を5分の1回転させるのと同じ）。そして、線

表2　完成した「対戦スケジュール」表

週／チーム	1	2	3	4	5
A	B	C	D	E	F
B	A	D	F	C	E
C	F	A	E	B	D
D	E	B	A	F	C
E	D	F	C	A	B
F	C	E	B	D	A

分でつながれたチーム同士（AとC、BとD、EとF）を第2週の対戦相手とみなします。

以下同様に5分の1回転ずつさせ、つながれたチーム同士を次の週の対戦相手とみなすことをくり返します。これによって目的の対戦スケジュールをつくることができます。最終的なスケジュールは上の表2の通りです。

この方法は、チームの数が偶数ならどんなに多くても使える便利で強力な方法です。

では、なぜこの方法で総当たりの対戦スケジュールが矛盾なく組めるのでしょうか。

まず、チームAにとっては、円周上のチームと順に当たりますので、すべての他のチームと1回ずつ当たることが確認できます。次に、それ以外のチームについて見てみると、たとえばチームBにとっての対戦相手は、Bと線で結ばれた相手です。その線は週ごとに五分の1回転分だけ向きを変えますので、相手は1つおきに変わっていきます。そして5週後にはすべての相手と1回ずつ対戦することになります。他のチームに着目しても同様です。

一般に、チームの数が2nのときには、週ごとに線の向きが、「1/（2n-1）」回転分だけ変わりますから、同じようにすべての相手チームと1回ずつ対戦することがわかります。

今回用いた図のように「点を線で結んだ図」をうまく利用すると、複雑な問題を見通しよく解ける場合があります。

全チームの総当り戦は、サッカーのJリーグやプロ野球などでも使われています。ただし、実際には、ほかにもいろいろな事情が考慮されてスケジュールが組まれています。たとえばJリーグでは1年間に同じチームと2回ずつ対戦し、そのうち1回はホーム（そのチームの地元）、もう1回はアウェイ（相手チームの地元）で実施されます。このとき、アウェイばかりが続くとそのチームにとっては不利となりますので、ホームとアウェイがなるべく交互になるようなスケジュールが考えられています。

御神輿を町内のすべての通りに平等に回せるか？
―オイラーの考えを継承する

［キーワード］ひと筆書きの問題

「ケーニヒスベルクの七つの橋」という問題をご存じでしょうか。これはプロイセンの都市ケーニヒスベルク（現ロシア領カリーニングラード）のプレーゲル川に架かる七つの橋を、「それぞれ1回ずつ、重複せずに渡ることは可能か」という問題です。これに対し、当時の大数学者オイラーが「不可能」であることを示したことで有名なのですが、そのときに使ったのが「**一筆書き**」の方法でした。

この一筆書きはさまざまなところで応用が効きます。たとえば、こんな具合です。

いま、あなたが近くの神社のお祭りの御輿《みこし》の係になったとします。毎年、御輿が練り

図1　ケーニヒスベルクの7つの橋を渡れるか?

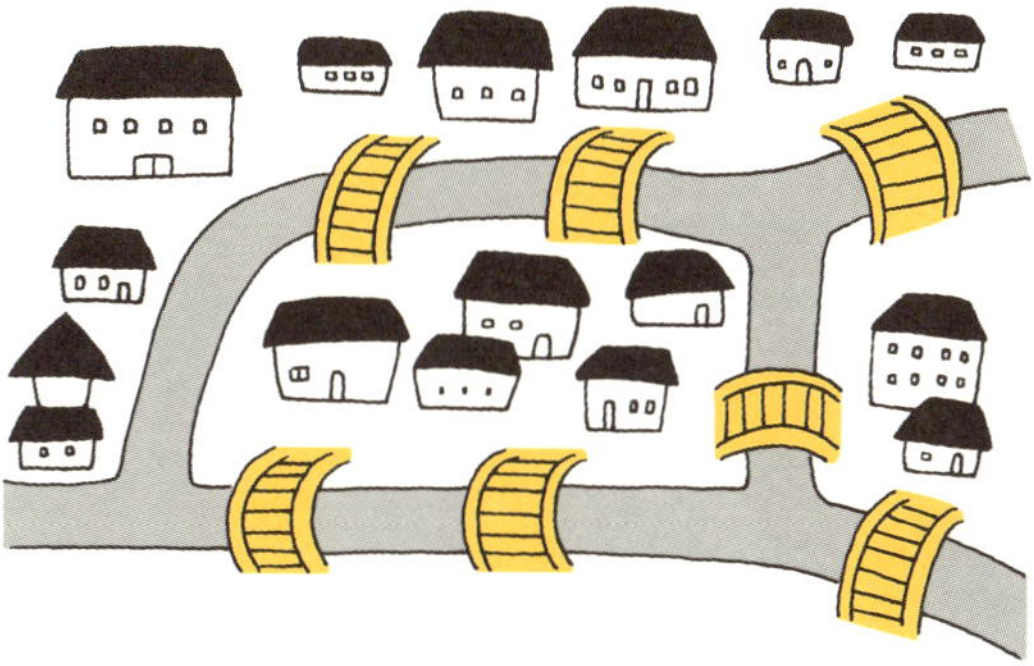

図2　「一筆書き」ができるか、と考えてみる

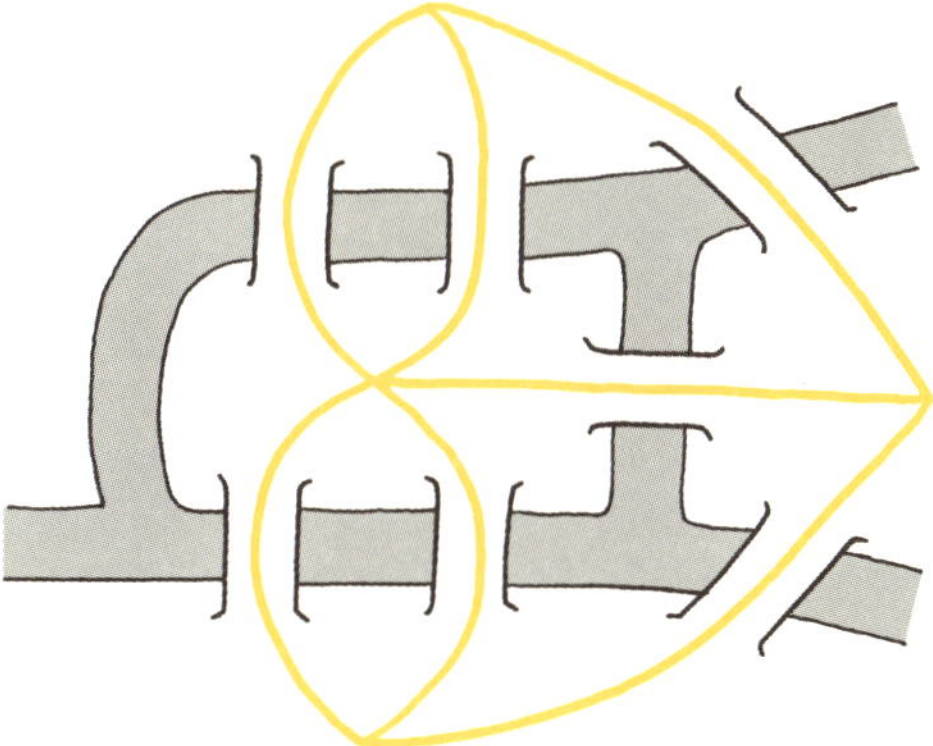

歩く道のルートは決まっていたのですが、御輿が何度も通る道があるかと思えば、一度も通らない道もあり、「不公平だ」と苦情が来ています。そこで、町の人に公平になるように、「神社から出発した神輿の行列が、町のすべての道をちょうど1回ずつ通って、神社へ戻る道順」を見つけたいと考えたとします。それができるかどうか……。そんなときにも一筆書きの方法は応用できるのです。

グラフの理論と一筆書き

これは、「グラフの理論」を使うと解ける問題で、その解き方はオイラーの「ケーニヒスベルクの七つの橋」の問題以降、よく知られた方法です。

いま、地図の中の道路を線で表し、2つ以上の道路がつながるところを点で表します。長い道路は途中に交差点があればそこで切って、それぞれの道路を線で表し、路地の行き止まりなどの道路の端も点で表します。このようにして点と線でできる図形を「**グラフ**」と呼んでいます。

さて、ちょっと用語の説明をしておきましょう。まず、図3は点と線でできています

図3　点と線でできる図形が「グラフ」

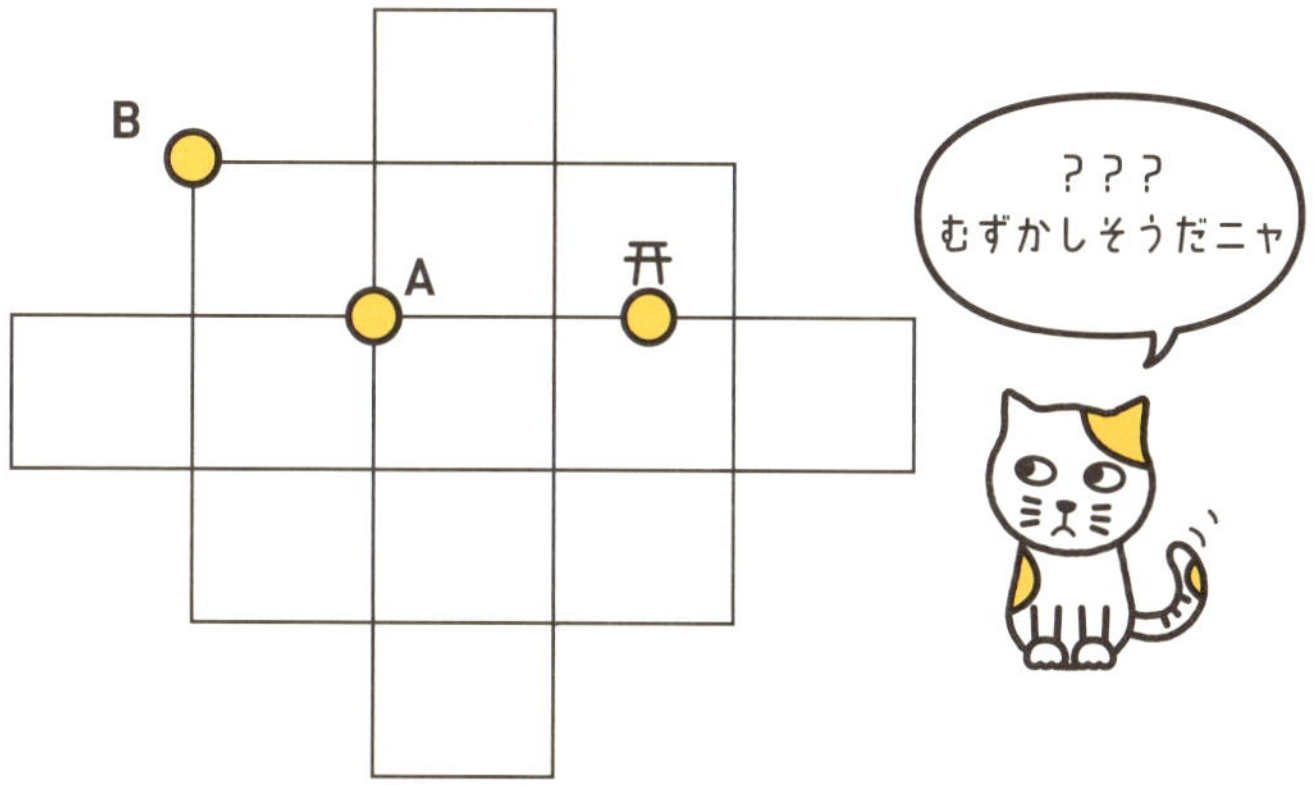

ので「グラフ」です。このグラフの中の「点と線」を、それぞれこのグラフの頂点、辺と呼びます。図3には、神社の位置にも頂点を設けます。

グラフのそれぞれの頂点に接続する辺の数をその頂点の「**次数**」と呼びます。たとえば図3では、頂点Aの次数は4であり、頂点Bの次数は2、神社の位置を示す頂点の次数も2である、ということです。

ペンを紙面に下ろしたまま、グラフのすべての辺をちょうど1回ずつ描く描き方は、そのグラフの「**一筆書き**」と呼ばれるもので、この一筆書きが描ければ、そのペンの動きこそ、まさに求めたい「神輿の道順」となるのです。このとき、次の性質が成り立ちます。

性質①：グラフのすべての頂点の次数が偶数なら、そのグラフはどこから描き始めても、一筆書きができる。

図3のグラフは、すべての頂点の次数が偶数ですから、性質①から、このグラフは一筆書きができます。

一筆書きを練習してみよう

では、その一筆書きの順序の求め方を、神社から出発する例で示してみましょう。まず、神社から出発して、同じ辺(道)を2回通らないように、自由にグラフの辺をたどってみましょう。すると、図4(左)に太い矢印で示したように、いくつかの辺をめぐった後で、出発点に戻ります。これはいつも成り立つことです。どのように辺を選んで進んでも、必ず出発点に戻るのです。なぜなら、頂点の次数が偶数なので、ある頂点へ外

図4　一筆書きの一部（左）と追加（右）

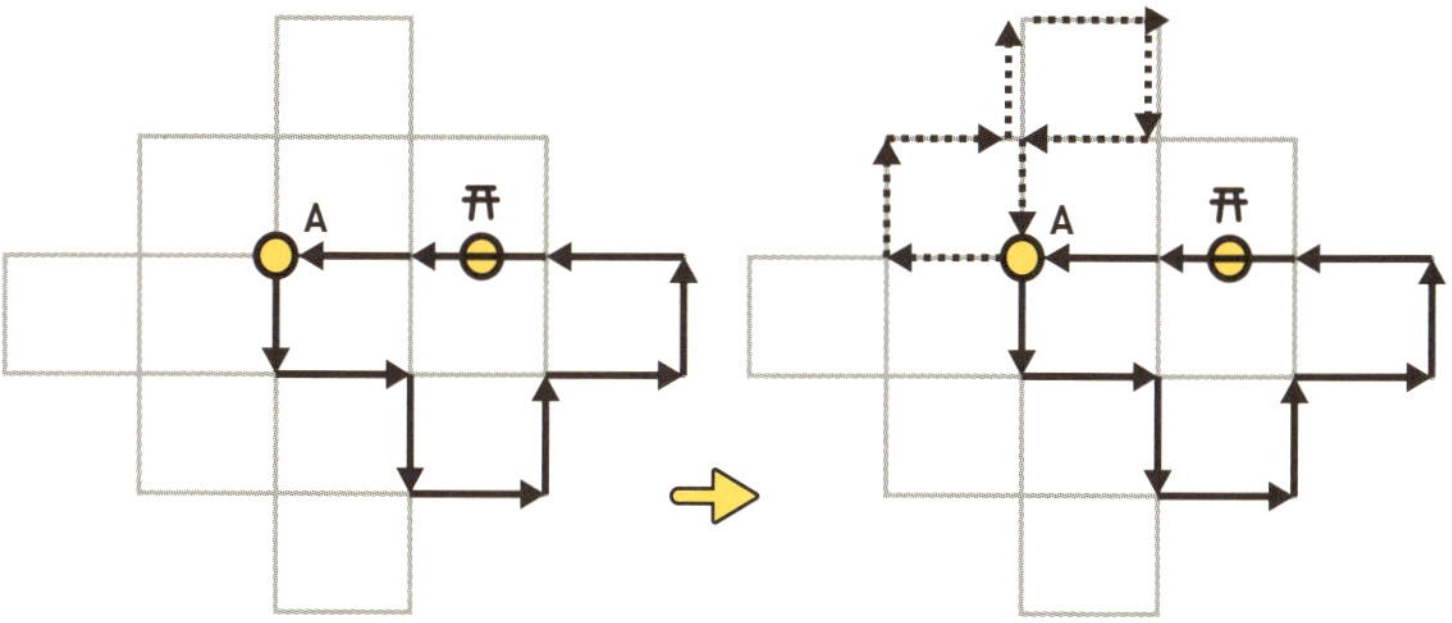

（Aから始まりAに戻る）　（道順を追加しても、Aに戻れる）

から入ってくると、いつでも別の辺を通って外へ出ることができ、それができなくなるのは出発点だけだからです。

　このとき、一般には、まだたどっていない辺が残るでしょう。その場合は、道順の途中のどこからでもいいから、まだたどっていない辺だけをどんどんたどっていきます。たとえば、図4（左）の頂点Aからたどって A に戻ると、次に図4（右）に破線矢印で示すようにいくつかの辺をたどったあとで、また出発点のAに戻ってきます。これもいつも成り立ちます。なぜなら、頂点の次数が偶数なので、ある頂点へ入ったら必ずそこから出る道もあるからです。

ここで、神社から出発した最初の道順で、Aまで到着したところで破線の道順に乗り換え、再びAに戻ったあとで最初の道順の残りをたどることにすると、最初より長い道順が得られます。

これをくり返すのです。すなわち、まだたどっていない辺があれば、いま得られている道順の途中の頂点から新しい辺をたどれるだけたどります。するとその頂点へ必ず戻るので、その道順を加えてより長い道順をつくります。すべての辺が含まれるようになるまで、この操作をくり返していくことができ、最後に一筆書きの道順が得られます。

次数が奇数の頂点がある場合は？

次に、奇数の次数をもつ頂点がある場合を考えます。まず、次の性質が成り立ちます。

> **性質②**：どのようなグラフにおいても、次数が奇数の頂点は偶数個ある。
>
> **性質③**：次数が奇数の頂点を2個もつグラフでは、その一方から出発して、他方で終わるように一筆書きができる。

そのつくり方は、次の通りです。奇数次数（頂点に接続する辺の数が奇数）の頂点から出発して、同じ辺を2回以上たどらないように行けるところまで行くと、もう1つの奇数次数の頂点で終わります。まだたどっていない辺が残っていれば、図4の例と同じ

図5　奇数次数の頂点が4個以上あるグラフ

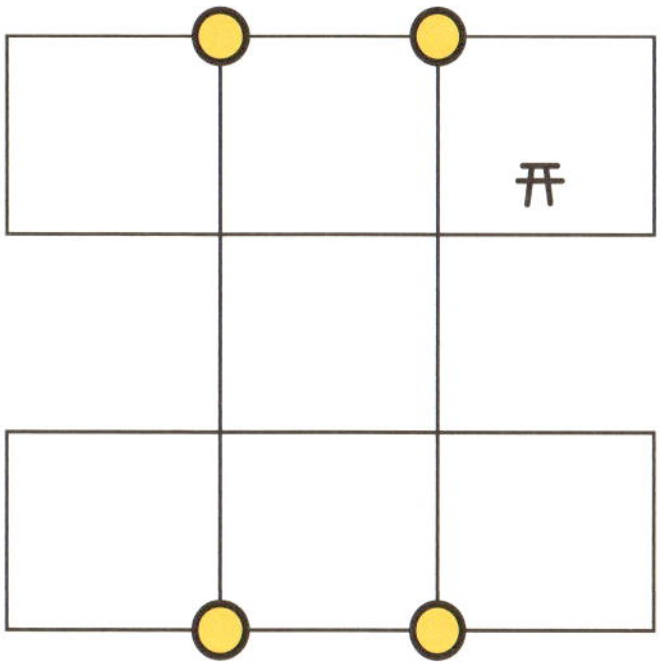

図6　辺を追加し、全頂点の次数を偶数に

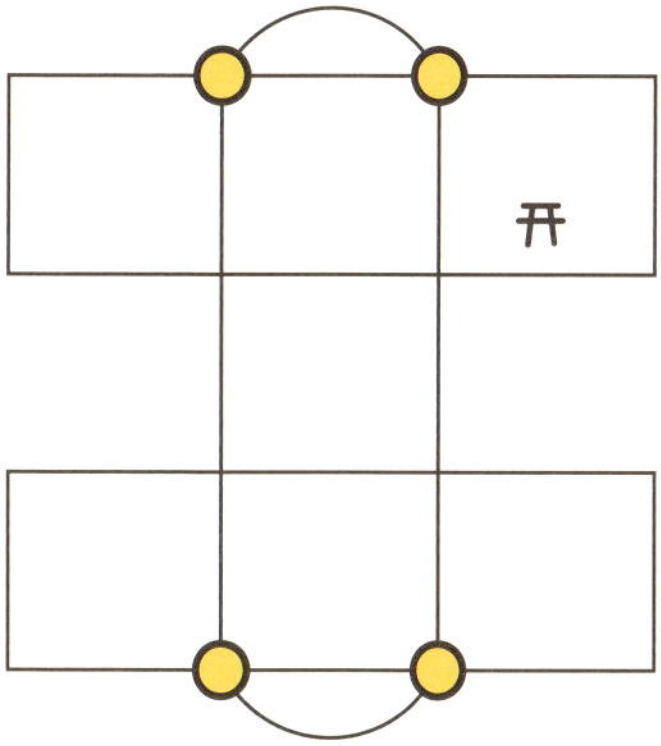

ように、それをたどる道順を次々に追加していけばよいのです。

では、図5のように奇数次数の頂点が4個以上ある場合はどうすればよいでしょうか。このときには、一筆書きはできません。ですから、2回通る道路の長さを最小にするしかないのです。図5のグラフでは、●で示すように4個の奇数次数の頂点があります。そこで、図6に示すようにこれらの近いもの同士を2つずつペアにして、その間に辺を追加します。図6に曲線で示したのが追加した辺で、このように2つの頂点をつなぐ辺が複数になってもかまいません。

こうしてできたグラフは、すべての頂点の次数が偶数となるので、一筆書きができることになります。追加した辺の分だけ、同じ道を2回通ることになりますが、それは仕方がありません。これがなるべく公平となる神輿の道順です。

今回のように、問題をグラフで表すと「**グラフ理論**」の性質を利用して解くことができます。数値や式では表しにくい場合には強力な道具であり、奥も深いものです。

写真から2点間の正確な距離を算出

――4分の1に狭めて接近する方法

【キーワード】射影変換

裁判所などで「証拠として、写真を提出します」というフレーズをテレビドラマなどでよく耳にします。たしかに写真はその場のワンシーンを切り取っているのは間違いありません。けれども、その写真をパッと見ただけでは、読み取りにくい情報もあります。

たとえば「距離」です。息子がサッカーの県大会に出て素晴らしいロングシュートで決勝ゴールを決めました。家でその祝賀会をしたとき、何メートルのシュートだったかが話題になったのですが、30メートル以上あったという意見と20メートルぐらいだろうという意見に分かれました。私が撮影したビデオからシュートの瞬間のスナップ写真（図1）を切り出すことはできたのですが、これからシュートの距離を読み取ることはできないでしょうか。

「シュート位置」を特定する手がかりを探す

写真の中では近くのものが大きく写り、遠くのものは小さく写りますから、写真に直接ものさしを当ててみても役に立ちません。そもそも、大きく引き伸ばした写真か、小さくプリントした写真かによっても違います。

けれども、写真の中にコートの情報がある程度含まれていれば、シュートを打った位置を特定できます。図1を見てみると、コートの端がしっかり映っていますから、これを利用できるでしょう。写真に撮ったとき、次の性質が成り立ちます。

性質①：直線は直線のまま写る。
性質②：平行線は1点から放射状に出る直線群となる。

「4等分に狭める」手法をくり返す

サッカーコートの標準の大きさは図2のとおりです。このコートの中でシュートを打っ

図1　何メートルのシュートなのかを推定するには

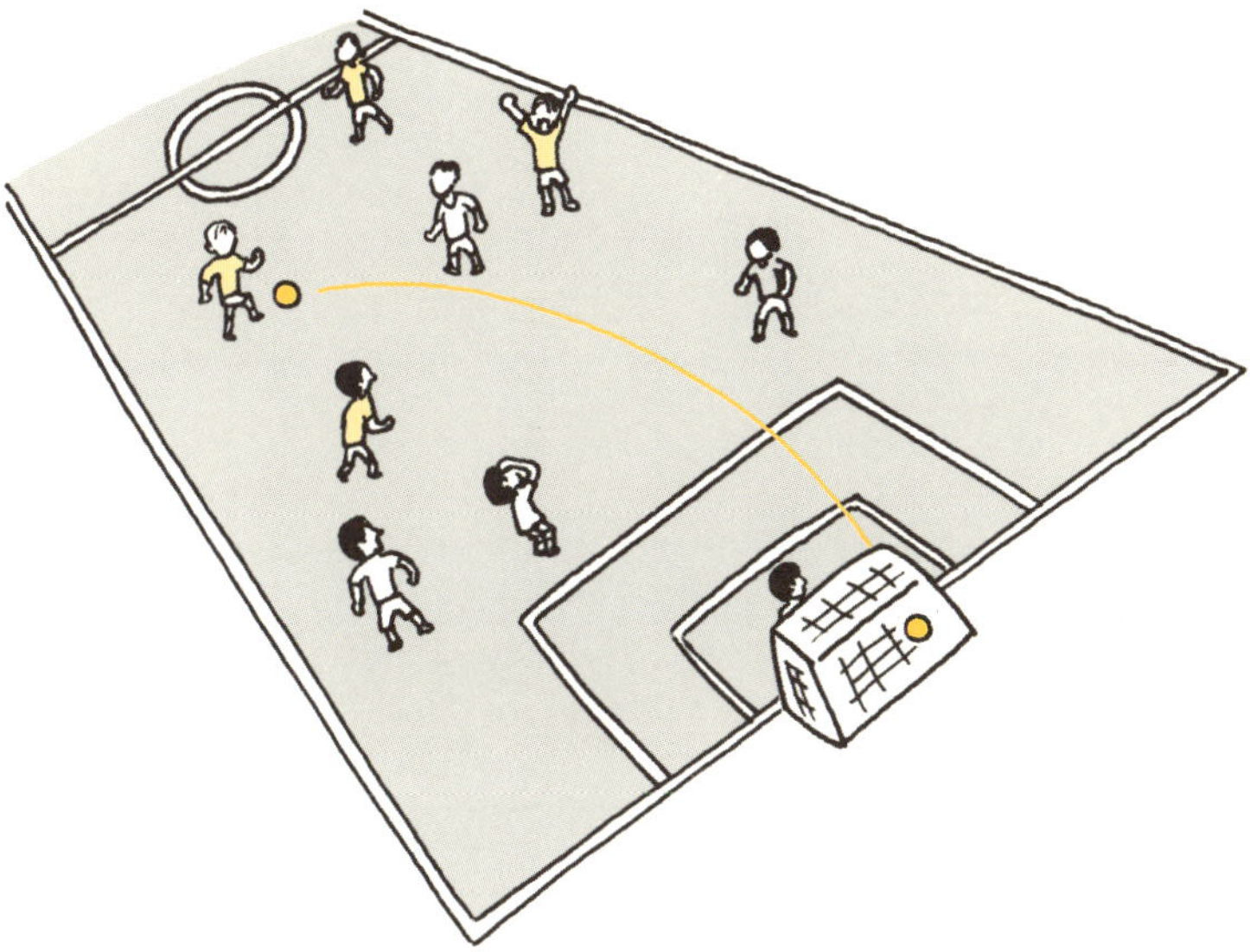

図2　このサッカーコートのどこからシュートしたのか？

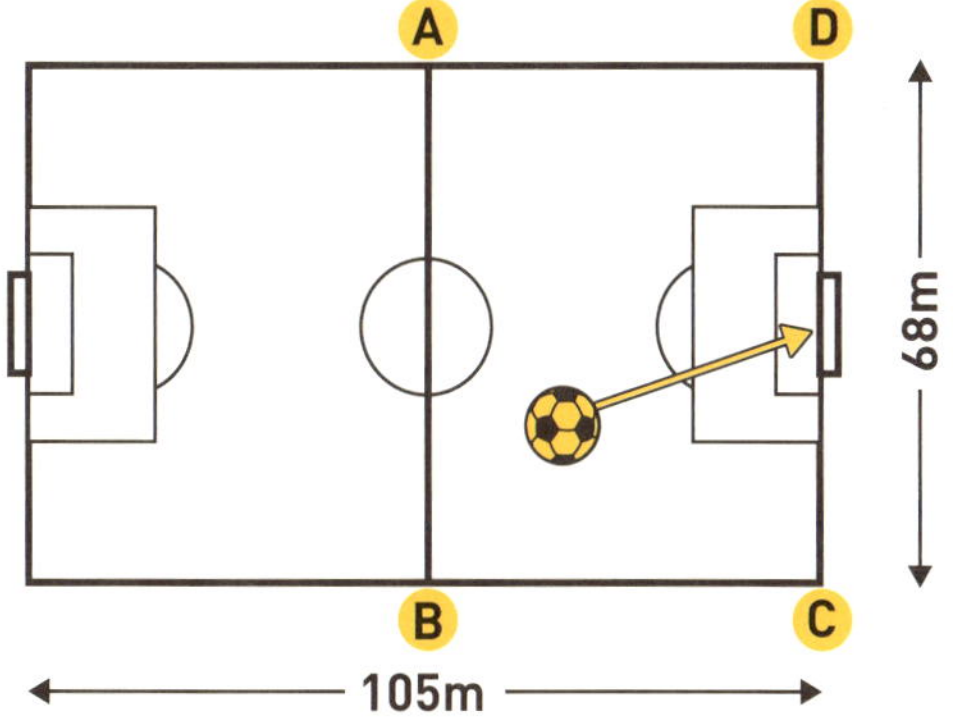

サッカーコートの標準の大きさは上のとおり、

た場所がわかればよいわけです。

シュートを放ったのは、コートの右半分の長方形ABCDの中ですから、これを四等分して、シュート位置の範囲を少し狭めていきます。そのためには、図3に示すように、次の⑴、⑵、⑶の作図をすればよいでしょう。

⑴対角線AC、BDを引き、その交点Eを求める。

⑵Eを通りABに平行な線を引く。

⑶Eを通りBCに平行な線を引く。

これと同じことを、もとの画像(図1)の中でしてみましょう。図4に示すように、⑴、⑵、⑶を作図します。ただし、平行線を引くときには、いま述べた性質②を利用しなければなりません。たとえば⑶の作図をするときには、まず直線AD、直線BCをのばした交点Fを求めます。これが平行線が放射状に出る点です。次に点E、点Fを直線で結びます。これがEを通りBCに平行な直線となります。

⑵の作図をするためには、直線AB、直線CDの交点を求めなければなりませんが、これは紙面をはみ出しますので、ここでは省略しておきましょう。実際には、写真をもっと大きな紙に貼ってから作図すれば可能です。これによって、シュートを打った場所を

図3　シュート範囲を絞っていく

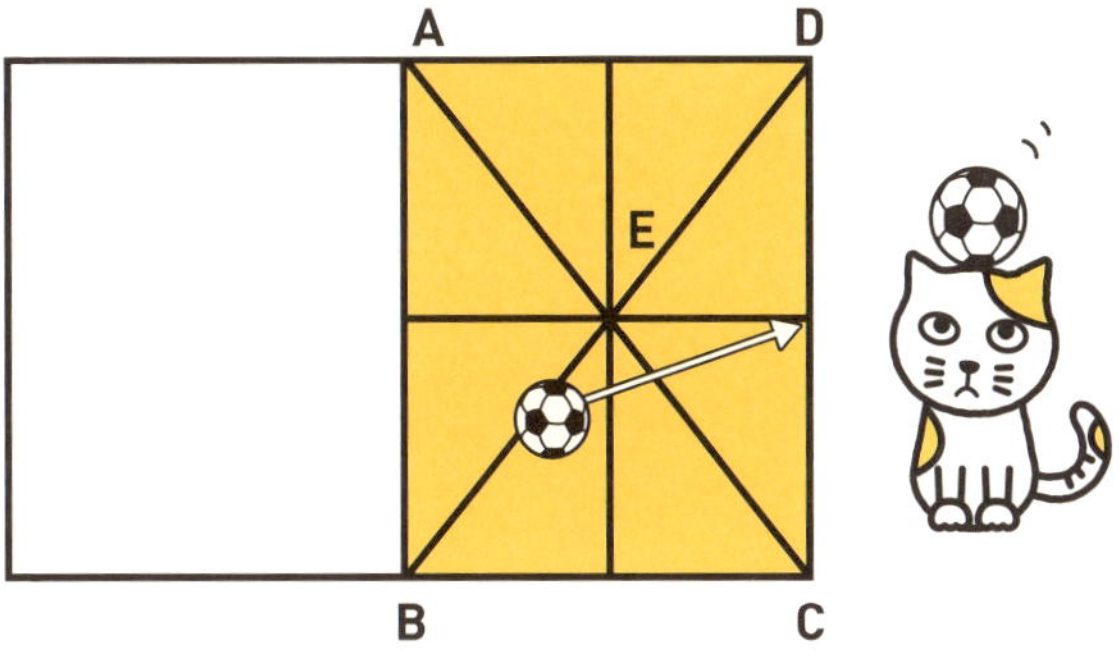

図4　コート右半分を4等分しシュート位置を4分の1に縮める

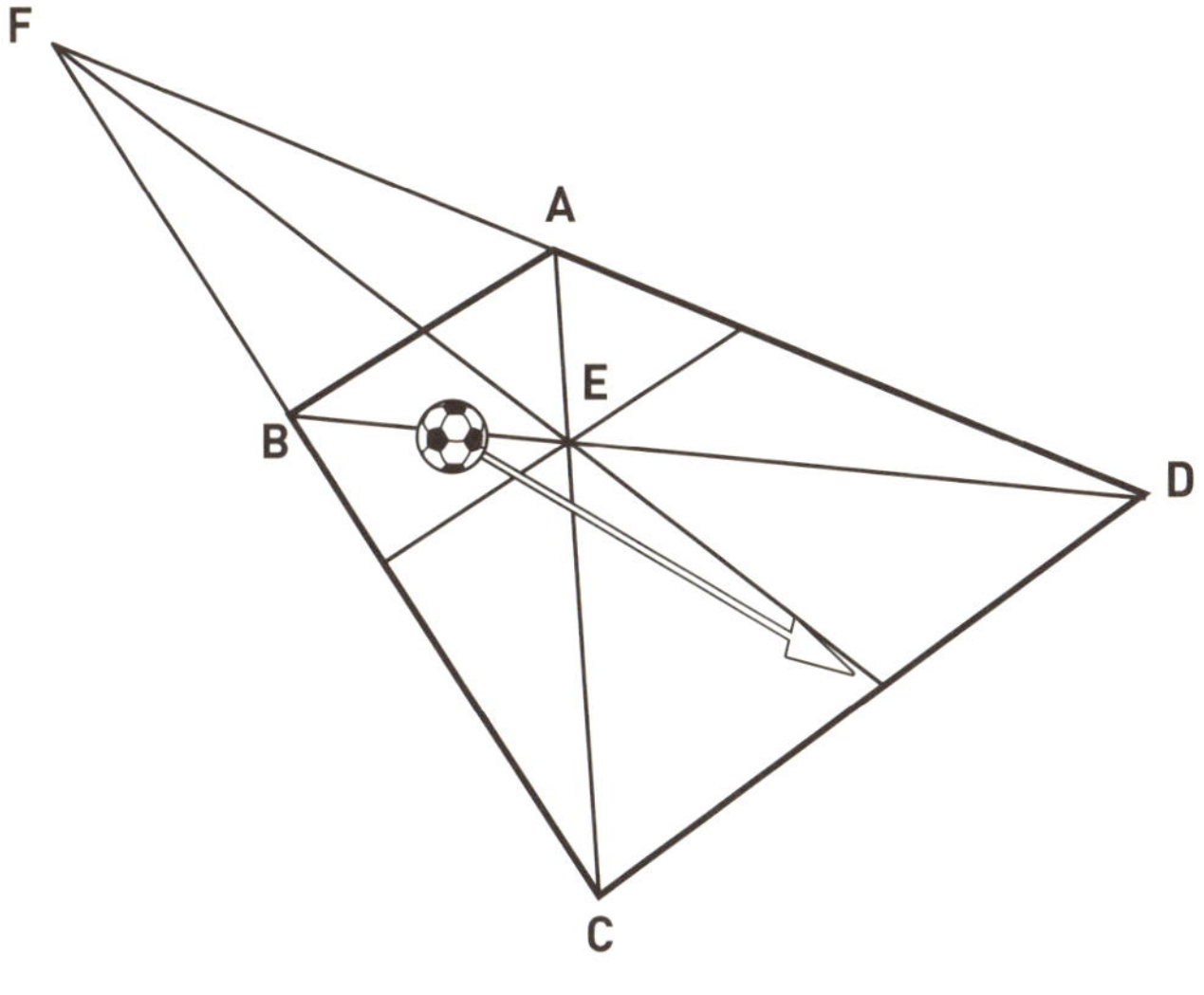

4分の1の大きさの長方形に狭めることができました。

図5に示した4分の1に狭める操作方法を、長方形が十分に小さくなるまでくり返します。

最後に、図6に示すように、この結果をもとのコート図に戻せば、シュートした位置が特定でき、ゴールまでの距離もかんたんに算出できます。

実際に算出してみましょう。いま、図6の黒い四角形の中からシュートしたことがわかったわけですから、このようにしてつくった四角形のADに平行な辺の長さは、

ADの長さ　105 ÷ 2=52.5メートル
その半分は　52.5 ÷ 2=26.25メートル（約26・3メートル）
その半分は　26.25 ÷ 2=13.125メートル（約13・1メートル）
その半分は　13.125 ÷ 2=6.5625メートル（約6・5メートル）

です。

黒い四角形からゴールまでの距離は、

26.3 + 6.5=32.8メートル以上
26.3 + 13.1=39.4メートル以下

図5　シュート範囲をさらに絞っていく

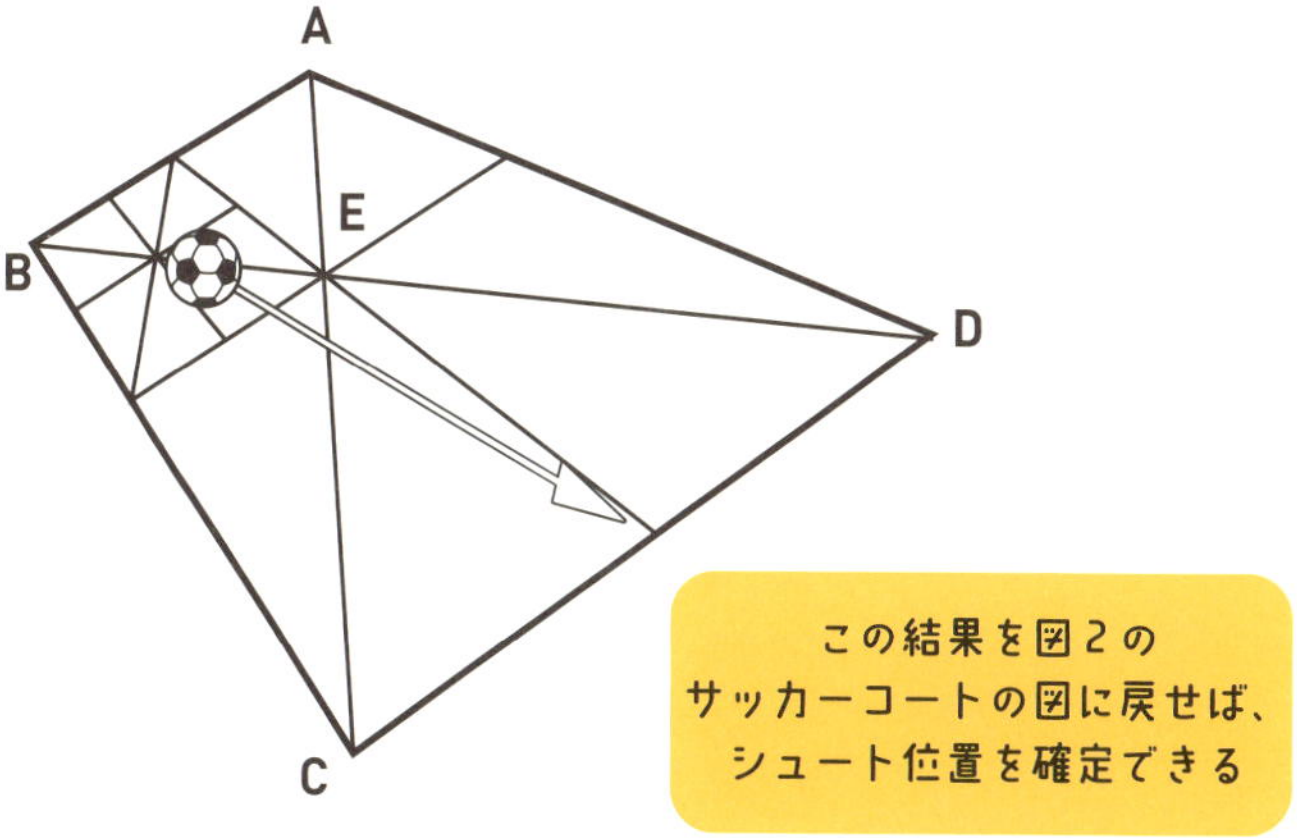
A
E
B
D
C
この結果を図2の
サッカーコートの図に戻せば、
シュート位置を確定できる

図6　もとのコート図に結果を戻し、シュート位置を特定

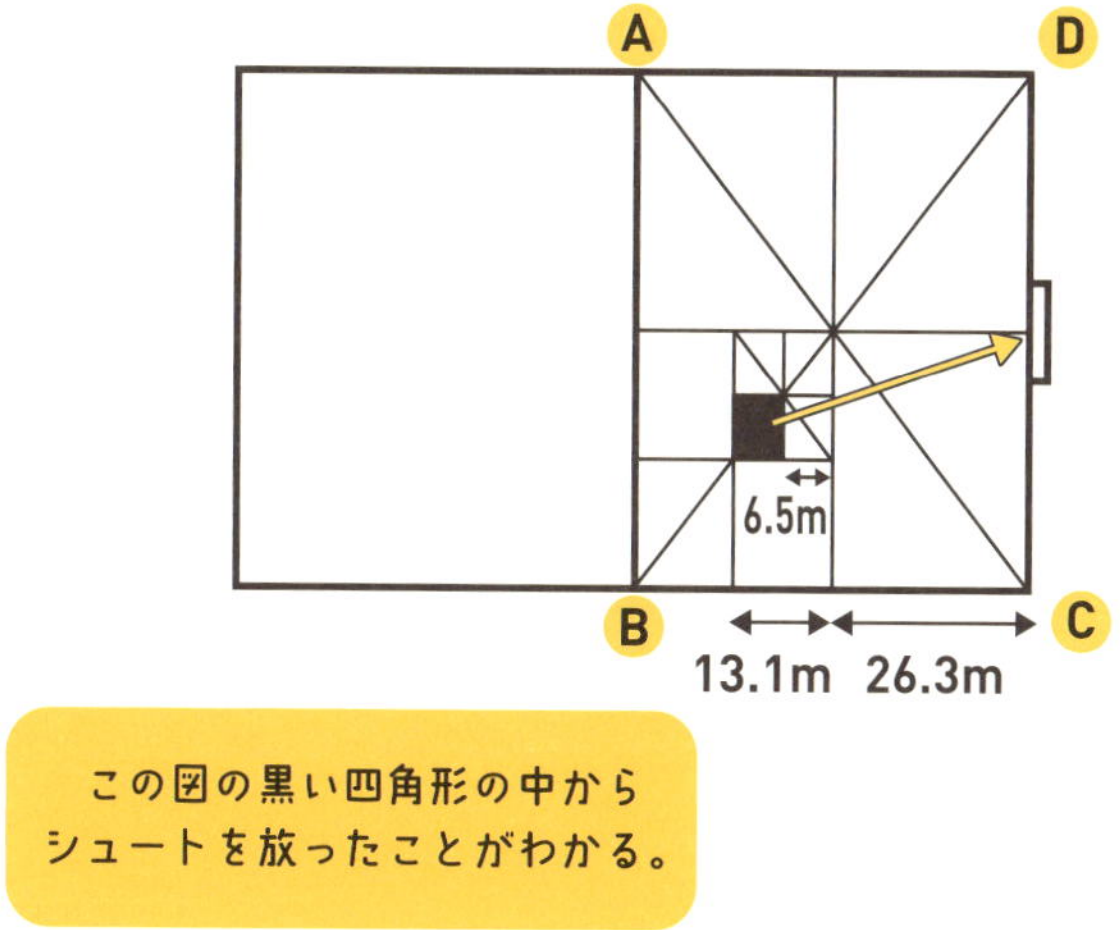
A
D
6.5m
B
C
13.1m
26.3m
この図の黒い四角形の中から
シュートを放ったことがわかる。

であることがわかります。つまり、32・8メートル以上、39・4メートル以下ですので、30メートル以上のロングシュートであったことがわかります。

射影変換の方法で考えることもできる

写真では、遠近法の性質によって、近くのものが大きく写り、遠くのものが小さく写るというぐあいに空間がゆがんでしまいます。このように、ゆがんだ空間でものを測るためには、空間をゆがめても成り立つ不変な性質を利用しなければなりません。ここで述べた性質①や性質②は、そのような不変な性質の例といえます。不変な性質を見つけて利用することは、数学全体に流れる基本的精神なのです。

なお、この方法で注目していただきたいのは、カメラで撮影した観客席の位置の情報は使っていないことです。カメラで撮影した画像から、そこに映っているもとの世界の位置を知るためには、一般には撮影位置の情報が必要です。しかし、この場合は必要ありません。なぜなら、写真撮影が持つ不変な性質を利用しているからです。

水平な地面に描かれたサッカーコートを写真で撮影したとき、もとのコートと写真の中のコートの関係は、「**射影変換**」と呼ばれる図形の変換によって関係づけられています。そして、この射影変換は、4点の対応がわかれば具体的に式で表すことができます。

今回の例でいえば、コートの角の4点A、B、C、Dの対応がわかることで具体的な式が求められ、それに画像の中のシュートの位置の座標を代入すれば、コートでのシュート位置が計算できます。これには少し高度な数学が必要なので省略しますが、射影変換という方法を使えば、今回のように作図作業をくり返す必要はなく、たった1回の計算で位置を求めることができます。興味のある方は、射影変換にも挑戦してみてください。

プールの水抜きはいつ終わる？

――水の深さと流速の関係は？

【キーワード】区間切り

問題

今年から市民プールの管理をすることになりました。夏も近づいてきたので、プールの水を入れ替えたいのですが、水深1メートルあった水が、1時間後に90センチになりました。このまま水を抜いていくと、どれだけ時間がかかるか、おおよその時間を知るよい方法はないでしょうか。

「1時間に水深が1メートルから90センチになった」という情報から、単純に、「1時間で10センチ減ったのだから、100センチの水深であれば、わかった、10時間後だ！」

1時間に10cm減ったから
全部で10時間？

というのは、ちょっと安易すぎます。この問題では少しだけ「物理」も考えないといけないからです。

プールの底には排水栓があり、これを開けると水が流れ出ます。このとき水の流れ出る速さは、プールの水深によって変わります。水が流れ出るのは、水自身の重さ（圧力）で押されるからで、プールの水が深いほど水は排水栓から勢いよく流れ出し、水深が浅くなると流れは遅くなります。つまり、水深が浅くなってからは、1時間に10センチも減ってはいかないということです。

まずは平方根からおさらい

水の深さと流れの速さの関係を調べるためには、「**平方根**」という言葉を思い出す必要があります。

いま、正の数xとyが、$x = y \times y$の関係にあるとき、xをyの「**平方**」といい（yの2乗だから）、yをxの「**平方根**」といいます。たとえば、$9 = 3 \times 3$ですから、3の平方は9であり、9の平方根は3となります。そこで、いちいち「xの平方根」と書くのは面倒なので、$\sqrt{x}$と書いて「ルートx」と呼んでいます。たとえば、$\sqrt{9} = 3$です。

9の平方根以外にも、4、16、25などの平方根（順に、2、4、5）は比較的わかりやすい例でしょう。

一般のxの値に対する平方根は、自分で計算しようとすると手間がかかりますが、たいていの電卓には平方根を計算するボタンがあるので、それを1回押せば平方根を一瞬で求めることができます。

平方根はいろいろなところに現れます。たとえば、面積がa平方メートルの正方形の一辺の長さは$\sqrt{a}$メートルです。

水を10センチごとに区切って計算すると

前置きがすっかり長くなりました。プールの話に戻りましょう。

ここでは、

「水の深さが x センチメートルのとき、プールの底から流れ出る水の速さは x の平方根 $\sqrt{x}$ に比例する」

という性質を利用します。

問題を見ると、水深1メートル（100センチ）のプールの排水口を開けたら、1時間後に水深が90センチメートルになったといいます。この1時間で水位は10センチメートル下がったわけです。

このデータをもとに、その後のプールの水位が10センチメートル下がるのにどれだけ時間が掛かるか、それを10センチメートルごとに区切って予測したのが次ページの表1です。

1番左の列は10センチメートルごとの水位の減り方を表し、2列目は代表的水位 x を表し、3列目はその平方根 $\sqrt{x}$ を表します。3列目の数値は電卓で計算して小数第1位以下を四捨五入した値です。

3列目からもわかるとおり、水位が下がると、単位時間当たりに流れ出す水の量も減っていきます。最初は、$\sqrt{95}=9.7$ に比例した水量が流れ出して、1時間で水位が10センチメートル下がっていました。次は $\sqrt{85}=9.2$ に比例する水量が単位時間当たりに流れ出るのだから10センチ下がるのにかかる時間は $9.7 \div 9.2 = 1.1$ 時間であると予測できます。

以下同様に、最初の1時間に流れた9.7を基準として、それを水深 x のときに流れる量 $\sqrt{x}$ で割ると、10センチメートル下がるのにかかる時間が予測できます。

最後にこれらの時間をたすと、表

表1 プールの水深が10cm減るのにかかる時間（概算）

水位の変化	平均の深さ x	x の平方根 $\sqrt{x}$	水位が10cm減るのにかかる時間
100から90へ	95	9.7	9.7÷9.7=1.0
90から80へ	85	9.2	9.7÷9.2=1.1
80から70へ	75	8.7	9.7÷8.7=1.1
70から60へ	65	8.1	9.7÷8.1=1.2
60から50へ	55	7.4	9.7÷7.4=1.3
50から40へ	45	6.7	9.7÷6.7=1.4
40から30へ	35	5.9	9.7÷5.9=1.6
30から20へ	25	5.0	9.7÷5.0=1.9
20から10へ	15	3.9	9.7÷3.9=2.5
10から0へ	5	2.2	9.7÷2.2=4.4
合計			17.5時間

1の右下のようにプールが空っぽになるまでの目安として17・5時間という値が得られます。

ただし、この予測時間は厳密に正しいわけではありません。あくまでも近似値です。なぜ近似値かというと、本当は「水位は連続に下がっていく（変わっていく）」ので、流れ出る水の速さも連続的に下がっていく（変わっていく）はずです。それなのに表1では10センチメートル下がる間の流れの速さは「一定」とみなしています。ですから近似なのです。10センチメートルごとに区切ったデータを、もっと小刻みに細かく区切っていくと、この予測精度は上がっていき、真の値に近づいていきます。

微分方程式を使えばピタッと求められる

たとえ近似値であったとしても、アタマを振り絞り、10センチごとで考える方法で答を求めました。ひとつの回答方法です。ただし、この方法の場合、さらに5センチごとに区切る、1センチごとに、5ミリごとに……と細かく刻んでいっても「近似値」であり続けることに変わりはありません。残念！　これをなんとか近似値ではなく、きちんと計算でピタッと求められないものでしょうか。

方法はあります。それは連続的に変わる量を区切って近似するのではなく、まったく別の「**微分方程式**」という知識が必要になります。かなり難易度が高くなりますので本書では扱いませんが、関心のある方はチャレンジしてみてください。微分方程式を使うと、電卓で表1のようなめんどうな表をつくる必要もなくなるし、近似値でもありません。

スウガクを知れば知るほど、便利なツールが出てくるのです。

6章

まだまだあるぞ、役立つスウガク

読みやすい文章こそ「スウガク」で

──いままでに書いた話題からの近さ、書き手からの近さ

【キーワード】**国語力と数理力**

文章術の本が多数売れているという話です。もちろん、文豪の文章は独特な筆致と世界観があり、その域に達するのはむずかしい話ですが、でも、「読みやすい文章」を書くための客観的な技術となると、実はあります。

読みやすい文章は2つの技術に従えばできる!

読みやすいといわれる文章の基準の1つは、「書き手が何をいいたいのか、それが不明のまま文章を読まされる時間が少ない」ということでしょう。そのために使える技術であれば紹介することができます。それは、

【技術1】いままでに書いた話題に近いものから遠いものへという順序で言葉を並べる

【技術2】書き手に近いものから遠いものへという順序で言葉を並べる

のたった2つだけです。2つのうち、技術1が技術2に優先しますが、技術1の「いままでに書いた話題からの近さ」が同じ言葉の場合は、技術2を適用します。

次の文章例を考えてみましょう。

(1) ＊＊いま、僕は、とても面白い本を読んでいます。友達から、妹が、昨日、この本を借りました。

(＊印は悪例であることを示し、＊＊のように多いほど悪さの程度が高いことを示す)

文法的に間違ってなくても「違和感」が残る文章

日本語の文法では、文の中の言葉の順序はかなり自由に選べます。次ページの図1に示すように、第1文では、「僕は」と「いま」と「とても面白い本を」はすべて「読ん

図1　例文の構造は?

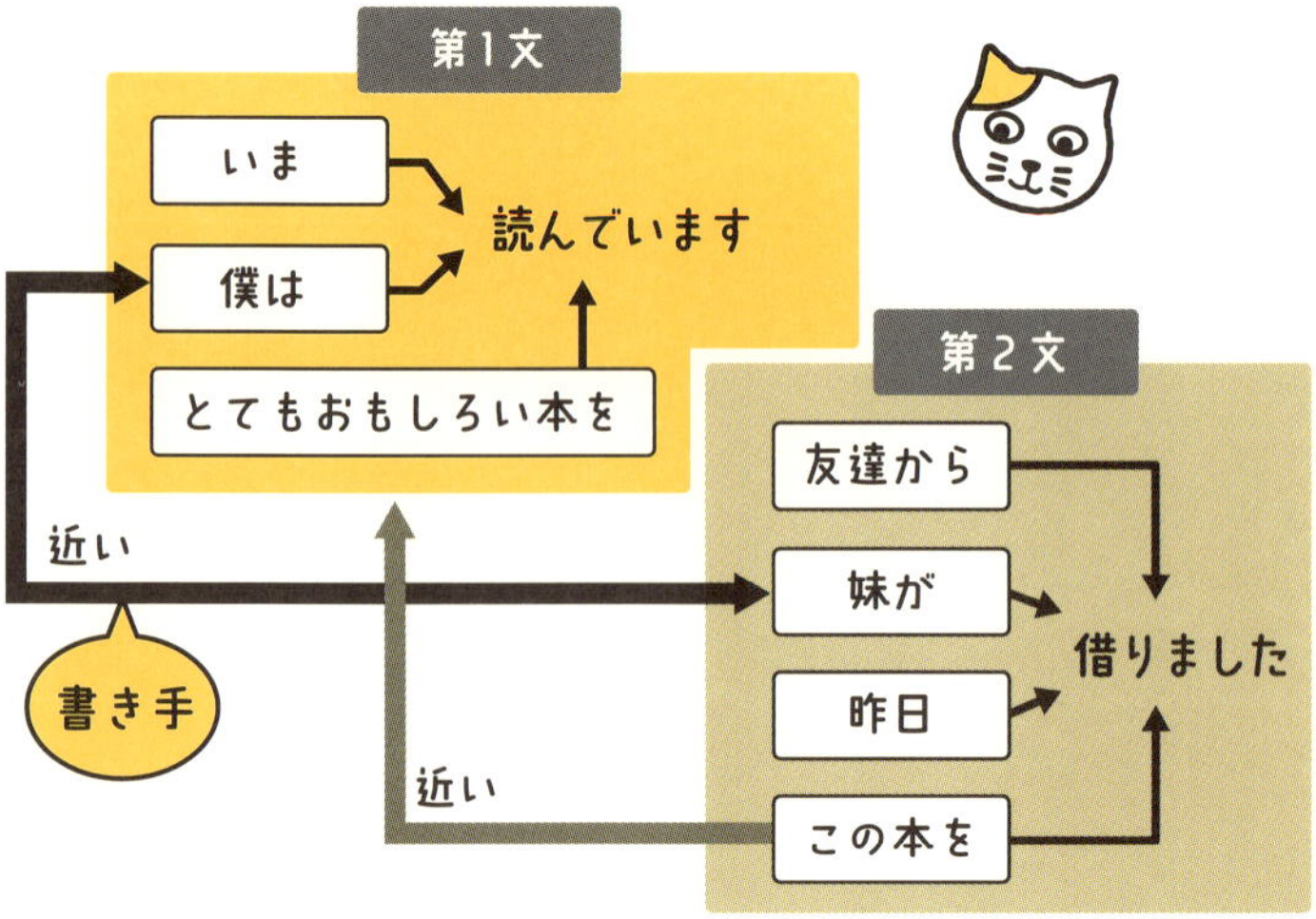

でいます」にかかる言葉ですが、どの順序に並べても文法には反しません。第2文も同じく、「友達から」と「妹が」と「昨日」と「この本を」はどの順序に並べても文法には反しません。ですから、この例は文法的には間違いではありません。

けれども、第2文は、第1文からうまくつながっていないように感じます。この違和感は、前に述べた2つの【技術】と照らし合わせると説明できます。

まず、【技術1】について見てみましょう。第1文は、最初の文だから、すべてが新しいものです。ですから、文法に合っていれば、どの順序に言葉を並べてもよいでしょう。

一方、第2文に現れる言葉のうち、「友達」「妹」「昨日」の3つは新しい情報であって、いままでに書かれた話題から見ると遠い言葉です。それに対して、「この本」は、第1文で取り上げた本のことなので、いままでに書いた話題に非常に近いといえます。ですから、この【技術1】に従えば、第2文では「この本」を最初に持ってこなければならないことがわかります。つまり、

（2）＊いま、僕は、とても面白い本を読んでいます。この本は、友達から、妹が、昨日借りたものです。

という順序で言葉を並べた方がよいのです。ただし、「この本を」を「この本は」に変えたので、最後もそれに呼応して「借りました」は「借りたものです」に変えてあります。

次に、【技術2】について見てみましょう。第1文の「僕」は、この文章の書き手だから、書き手にいちばん近いといえます。ですから【技術2】に従えば、「いま、僕は、」ではなく、「僕は、いま、」という順序で書き始めるのがよいということになります。また、第2文

の「友達」が妹の友達なら、書き手の僕から見て、「妹」のほうが「妹の友達」より近いことになります。だから【技術2】に従えば、「友達から、妹が」は、「妹が、友達から」としたほうがよいと気づきます。以上をすべて適用すると、

（3）僕は、いま、とても面白い本を読んでいます。この本は、妹が、友達から、昨日借りたものです。

となります。これなら、第1文と第2文が滑らかにつながり、さらに、各文の中も読みやすくなったといえるでしょう。

「距離」は数値だけでなく、近さの大小関係でも使える

このように、言葉までの距離を「いままでに書いた話題からの近さ、および、書き手からの近さ」という尺度で測り、近いものを前に持ってくるという順序で文章をつくるのが、読みやすい文章を書く1つの秘訣です。

「距離」は、スウガクにおける基本概念の1つです。しかし、距離は、数値で表したとき初めて意味を持ち、利用もできると考えがちなのではないでしょうか。

けれども、いつもそうとは限りません。今回のように、距離に具体的な数値を当てはめなくても、2つの距離のどちらが近くてどちらが遠いかという大小関係（あるいは順序関係といってもよい）が決まるだけで、役に立つ場面もあります。スウガク的なものの考え方は、数値で表して計算で答えを出すという以外にも、いろいろと役立てることができるわけです。

なおこの例では、「僕は、いま、」という順序にしましたが、中には、「いま、僕は、」という順序でまったく抵抗がない、という人もいるでしょう。そういう人は、自分の直感に従ってください。

「距離」という数理的道具は、あくまでも選択に迷ったときの目安レベルとして使うべきもので、絶対的なものではないからです。

地震だ、逃げ方をシミュレーション

――常識とは異なる「意外な結論」が……

［キーワード］セルオートマトン

毎年9月1日は防災の日ですし、11月5日は津波防災の日と定められています。9月1日は1923年（大正12年）9月1日に発生した関東大地震にちなんだもので、それ以外にも立春から数えて二百十日にあたり、台風到来などに備えようという意味があるようです。また、11月5日は1854年（安政元年）の安政南海地震（前日に安政東海地震が発生）によって大津波が和歌山県広村（現・広川町）を襲い、庄屋の浜口梧陵が稲わらに火をつけ、人々を高台に誘導して命を救ったという「稲むらの火」にちなんだものとされています。

最近では2011年の3・11以来、各自治会、町内会でも驚くほど防災訓練が活発化しています。そんなとき、特に建物から外へ出る避難の場合には、たいてい「あわてず、落ちついて、普通に歩いて避難しましょう」といっているのですが、そんなことで実践的な訓練になるのかどうかと疑問に思うでしょう。訓練ではなく、本当に起きたなら、みんな猛ダッシュで逃げ出したくなるはずなのに……。

「あわてず避難」で本当にいいのか？

そこで、スウガク的な視点から「効率的な避難方法」を考えてみることにしましょう。

いま、たくさんの人が建物から外へ避難しようとして、全速力でいっせいに出口へ向かったとすると、出口付近では大混雑になり、人と人とがぶつかって、人の流れが止まってしまいます。そのうえ、全速力であわてて走ると、若い人でも階段などで転ぶ危険性もあります。まして、ご老人、幼児など年齢の違う老若男女が混ざっていると、全速力で走るのは他の人を倒す危険性もあり、決してよい避難の方法ではありません。

ということで、むしろ、普通に整然と歩くのが最も効率のよい避難の仕方といえるのです。「なるほど、そうかもしれないが、本当にそういえるのか？」と疑問に感じる人も多いでしょう。けれども、次の説明をすれば納得できるのではないでしょうか。

図1　人の流れを表すセルオートマトン

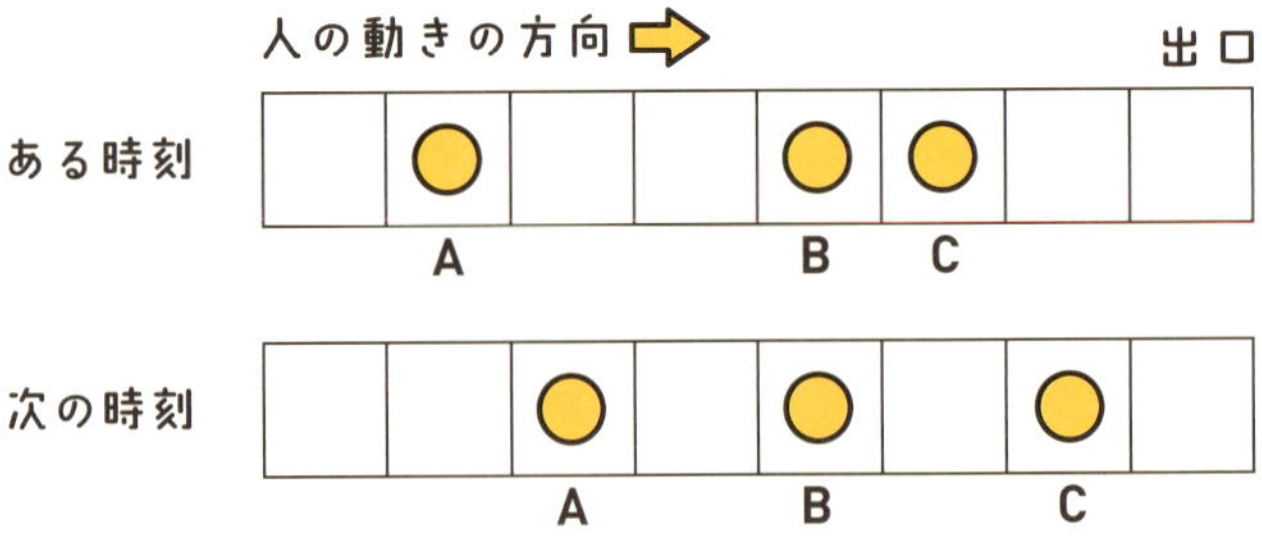

「移動ルール」でシミュレーション

図1に示すように、四角のマスが一列に並んだ図形を考えます。これは細長い廊下を表していると思ってください。右端が出口で、それぞれのマスは一人の人が占める空間の広さを表し、●はそこに人が一人いることを表しています。

人は、この廊下を左から右へ（出口に向かって）動くとします。このとき、次のルールを考えます。

移動のルール：●は右どなりのマスが「空」なら、次の時刻に右どなりのマスに移動できる。しかし、右どなりのマスにも●があれば、次の時刻にも現在のマスに留まる。

たとえば、図1の上の列のAとCの●は右どなりが「空」となっていますので、次の時刻には図1の下の列に示すように右どなりのマスへ移動しますが、Bの●は次の時刻にも同じ場所にとどまります。

図1の表現は、廊下を人が左から右へ移動する状況を表すと考えることができます。移動のルールは、「前が空いていれば進めるが、前が詰まっていたら空くまで待たなければならない」ことを表しています。人の動きをこのような図で表す表現は「**セルオートマトン**」と呼ばれます。

セルオートマトンで避難方法を比較する

このセルオートマトンを利用すると、2つの避難方法を比較できます。

次のページの図2の一番上の列は、4人が1つおきのマスにいて、すべての人にとって前が「空」の状況を表しています。この状態を時刻0として、時刻が1つずつ進んだときの状態の変化をその後の図に順に示しました。このように全員が1つの時刻に1マスずつ進めますから、時刻8には、すべての人が右から外へ出られます。

次に図3の一番上の列に示すように、4人全員がかたまっている場合を考えてみましょう。この場合の4人の平均の位置は、図2の時刻0の4人の平均の位置より右になっています（すなわち出口に近い）。

図2　前が空いている場合の避難はスムーズ

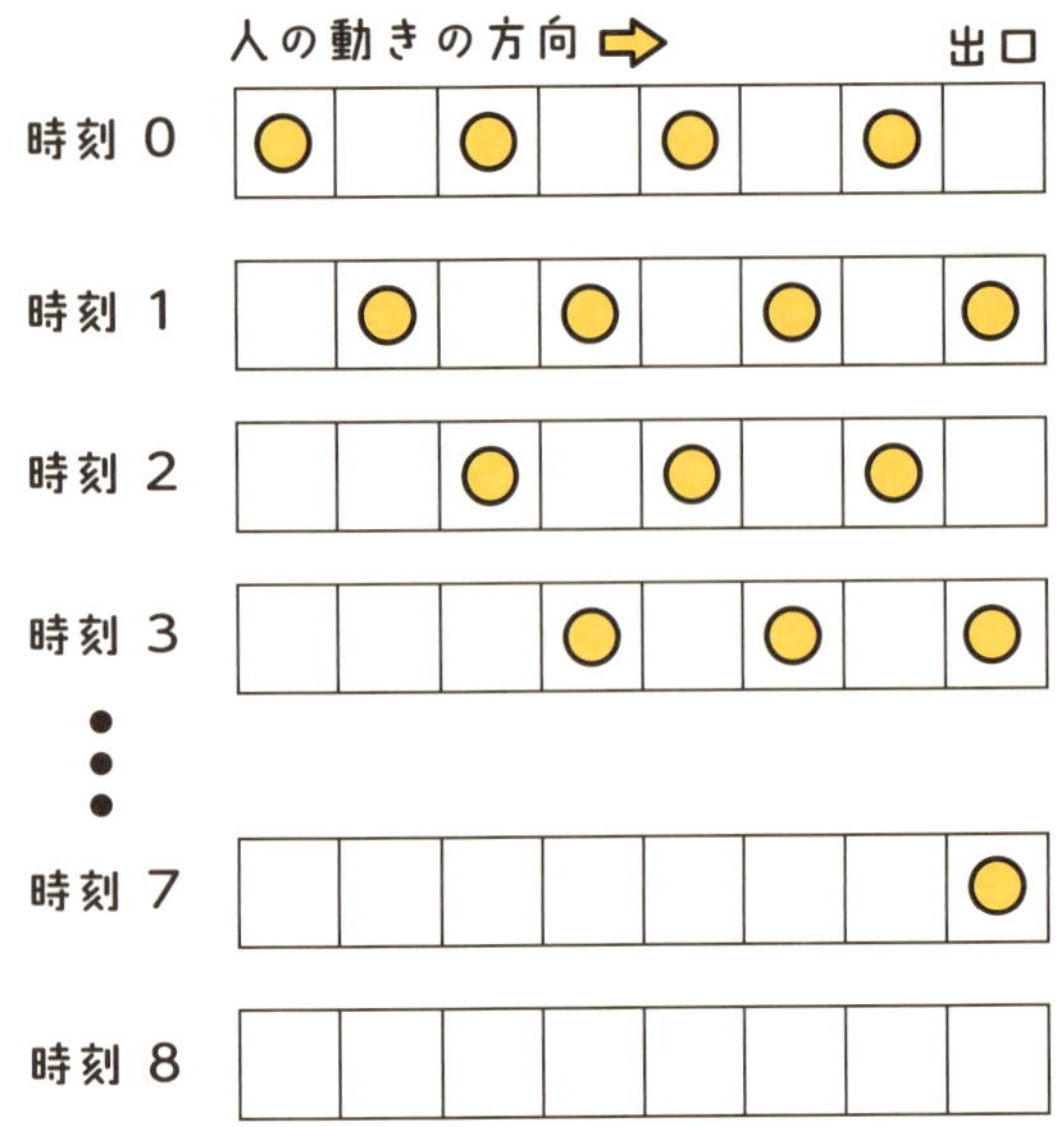

「移動のルール」に従って●を動かすと、図3の2列目以降となります。この図の時刻3の状態は、図2の時刻2の状態と同じですから、このあとは図2と同じ変化が1時刻だけ遅れて進行します。

その結果、全員が出口から出られるのは時刻9となり、図2の場合よりも避難に時間がかかる結論となります。

このオートマトンによる観

図3　前が詰まっている場合の避難

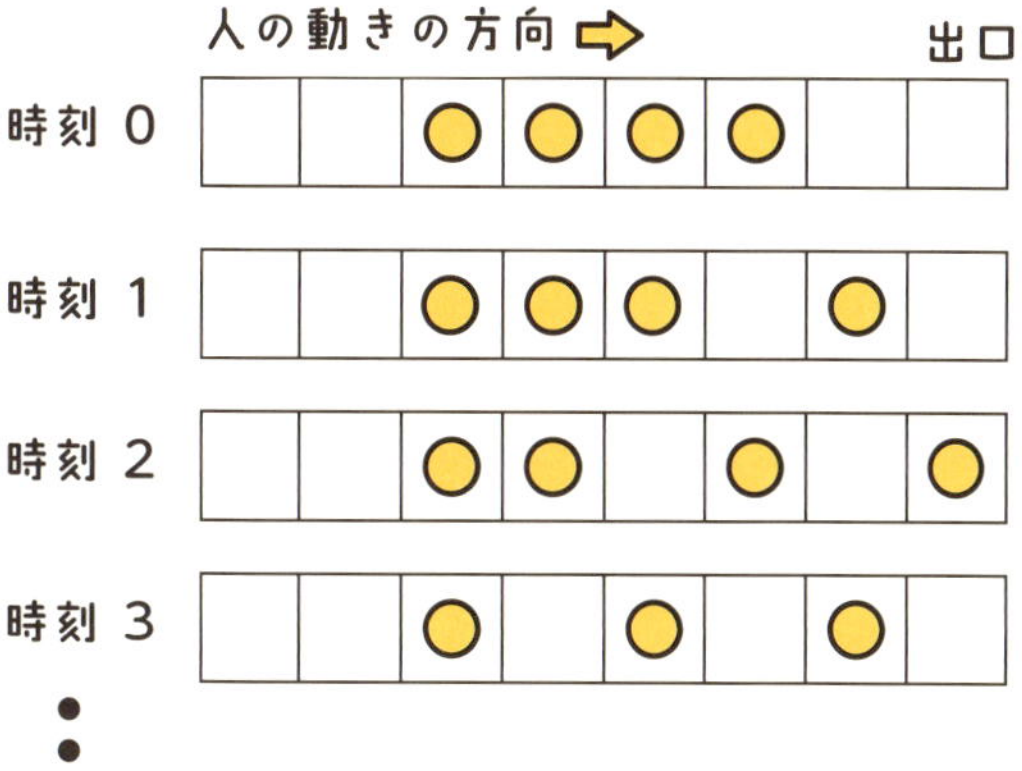

察から、前にゆとりの空間をもたせた状態で整然と進むほうが、前の人の直後まで進んで前が詰まった状態で進もうとする場合より早く避難できることが予想されます。そのうえ、最初にも述べたように、走れば転ぶかもしれません。そう考えると、普段どおりに整然と歩いて建物から出ることこそ、最も効率のよい避難の方法といえるのです。

避難という複雑な人の動きを、セルオートマトンという単純なルールで表す明快さを味わってほしいところです。このように現象をわかりやすく表すことは「**モデル化**」と呼ばれ、自然現象や社会現象をスウガクを使って解き明かすための最も大切な作業です。

宝くじを買っても当たらないけれど

――寄付行為と考えれば……

［キーワード］期待値

ジャンボ宝くじの時期になると、東京の西銀座のある売り場は行列が並ぶそうです。みんな一攫千金を狙うのですが、本来、どこで買っても当たる確率は同じです。たくさん発売されれば当たりクジもそれだけ多く出ますが、ハズレのクジも多いはず。

それはともかく、宝くじについて少し見ておきましょう。

まず、宝くじの当選番号は、販売期間を終えてから平等な方法で（たとえば、多くの人が見ている前で、数字を書いた円板を回転させてそれに矢を射るなどして）当選番号を決めています。当選番号のくじを持っている人にたくさんのお金が支払われます。

ですから、当選番号を運良く引き当てると、安く買った宝くじ（1枚300円）が、数億円という高額の賞金になって戻ってくることになります。

しかし……、です。ここから先が大切。宝くじの売上金がすべて当たった人に戻ってくるわけではありません。売上金のうちどれだけが当選金として払い戻されるかを示す比率は、払い戻し率といわれていて、宝くじの場合は払い戻し率は2分の1以下。残りは、発売もとに入ります。その一部は、宝くじの印刷や販売にかかる費用として使われていますが、それ以外は別の目的に使われています。

ところで、宝くじを勝手に販売することはできません。犯罪として取り締まられます。発売もとになれるのは、地方自治体など、政府の許可を受けた特殊な団体だけで、宝くじの払い戻し率は50％＋加算金（ロト6のキャリーオーバーなど）を超えてはいけないことが法律で決められています。当選者に払い戻した残りのお金は、地域医療振興などあらかじめ決められた公共的な事業に使われます。そもそも、宝くじはお金に余裕のある人からそれを集めて公共事業に使うしくみなのです。

さて、宝くじを買ったとき、支払ったお金のうちいくらが当選金として戻ってくるかというと、それはわかりません。当た

るかもしれないけれど、ハズレるかもしれないからです。こういう不確実な場面では、自分が宝くじを買うのに支払った金額のうちいくらが戻ってくるかを、すべての人について平均した値が目安となります。これは「**期待値**」と呼ばれる数値です。そして、宝くじの当選金の期待値は、自分が買った宝くじの値段に、払い戻し率を掛けたものとなります。

払い戻し率は50％以下と決められていますから、３００円の宝くじを１枚買ったときの、当選金の期待値は１５０円以下です。

お金持ちが公共事業に寄付するもの

このように、宝くじを買うということは、平均すると、持っているお金を半分に減らすことを意味するのです。これは、そもそも宝くじの目的が、先ほども述べたように「余ったお金を集めて公共事業に使う」ことですから、当然のことなのです。いい換えると、宝くじを買うということは、公共事業のために「寄付をすること」といってもいいでしょう。だから、お金を増やす目的で宝くじを買うのは、もともと的ハズレなのです。

さらに「戻り」を期待する人には悪い話ですが、1等の当選者には非常に多くのお金が支払われますから、当選くじの数は非常に少ないのが現実です。みんなから集めたお金が、少数の人に非常に不平等に支払われます。当選金の期待値が宝くじを買ったお金の約半分とはいうものの、それは、とてつもなくたくさんの宝くじを買い占めたときに得られるであろう平均の値にすぎないのです。多くの人は、買ったお金の半分が返ってくるのではなくて、ほとんど何も返ってこないのです。300円を10枚つづり（連番、バラ）で買った場合、10枚に1枚の割合で300円の当たりクジが入っているので、結局、3000円で300円戻ってくる、つまり10%という人が多いのです。

これで、お金をふやす目的で宝くじを買うことは、的外れであることがわかっていただけたでしょう。宝くじは、お金に余裕があって「公共事業に寄付をしたい」というお金持ちの人が買って納付すればいいのです（確定申告の際、宝くじを買った分だけ寄付金控除を認めてもらいたいものですね）。

宝くじで一攫千金――努力もしないでお金を増やそうなんて考えること自体がそもそも大間違い、「喝!」というところです。期待値、さらには3000円で300円の戻りという実態を見れば、「もっと地道に努力をしよう」という気持ちになれるかも……。

雪のかまくらは、なぜドーム型？

——力の合成で「上向き力」をつくる

【キーワード】ベクトルの力

豪雪地帯では「かまくら」をつくります。四角い立方体につくってもいいと思うのですが、なぜか天井がドーム型の丸い形ばかりです。かまくらが四角ではなく、丸いのにはわけがあります。それは丈夫につくるためです。

斜め下から支える方式

かまくらの壁や天井はひと続きの雪のかたまりですが、これを便宜上、レンガを積み重ねるようにいくつかに区切って考えてみます。

図1　真横から支える方式

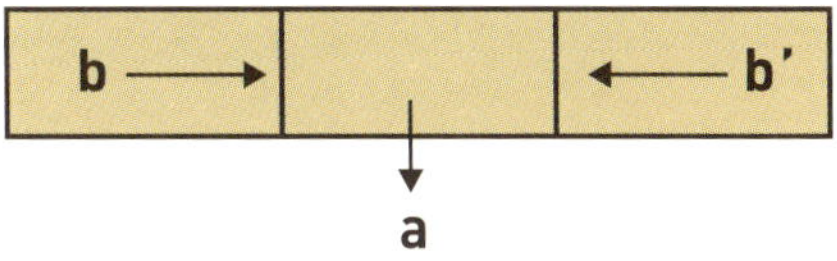

図2　斜め下から支える方式

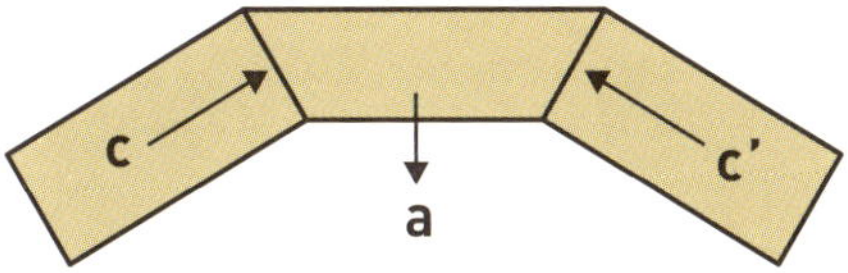

まず、図1に示すように、四角いレンガ1枚を両側から2枚のレンガではさんで天井の一部にしようとすると、まん中のレンガを落とさないためには、両側から相当力強く押さなければなりません。押す力が強いほど、レンガとレンガの接触部分のまさつが大きくなって、落ちないように支えることができます。

次に、図2に示すように、台形のレンガを短い辺が下にくる姿勢で両側から2つのレンガを使って支える場合を考えてみましょう。今度は両側のレンガを図1ほどには強く押さなくても十分に支えられそうです。実際、両側のレンガは真横からではなく、斜め下から真ん中のレンガを支えていますから、両側のレンガが動かなければ、真ん中のレンガは落ちません。

図3 「力の合成」の法則

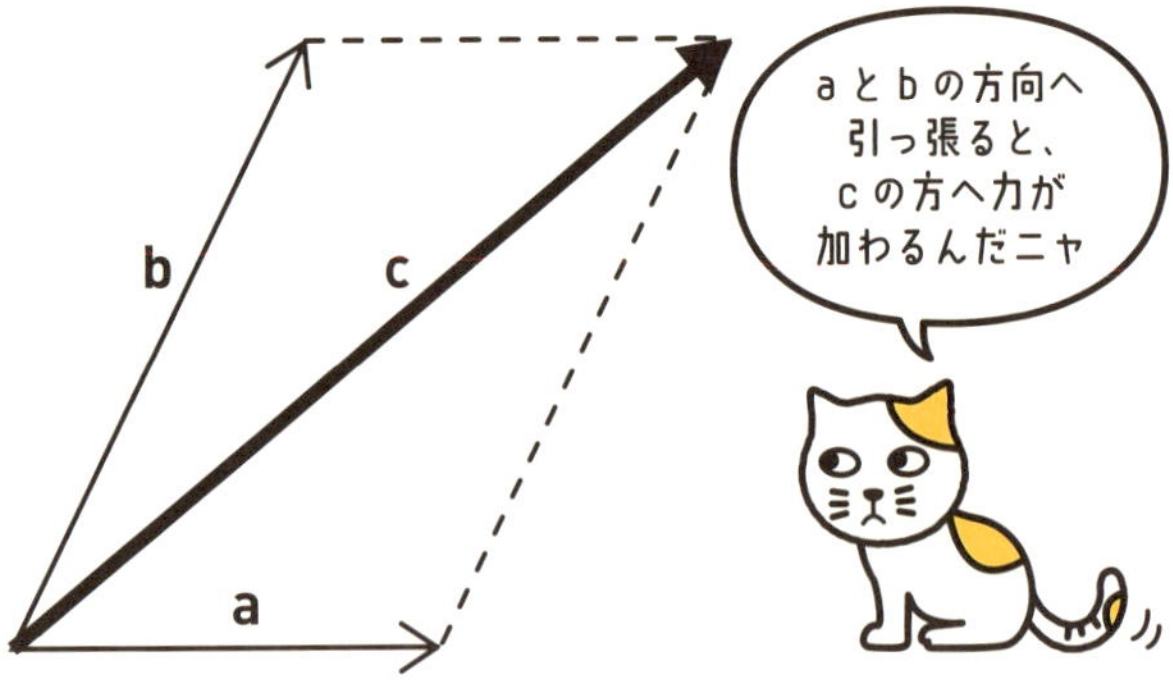
b
c
a
aとbの方向へ引っ張ると、cの方へ力が加わるんだニャ

一般に、力は大きさと方向をもっています。これは矢線（矢印のついた線分）で表すことができます。矢印の向きが力の方向を表し、線の長さが力の大きさを表します。これを「**ベクトル**」と呼んでいます。

そして、2つの力a、bが合成されたときには、図3に示すようにaとbの矢線を隣り合う辺とする平行四辺形の対角線cで表される方向と大きさの力となります。これは「**力の合成法則**」と呼ばれるものです。

四角いかまくら、丸いかまくら

この矢線を使って、もう一度考えてみましょう。中央のレンガが下へ落ちようとする力は、重力に引っぱられるものですから、図1、図2の下向きの矢線aで表すことができます。

レンガ同士の力は、接触面に垂直に働きますから、図1でレンガを支えようとする力は互いに逆向きの水平方向の力b、b'で表すことができますが、合成しても上向きの力は生まれません。ですから、この場合は摩擦力という別の力で支えなければならないのです。

図2では、レンガを支える力c、c'は斜め上向きなので、合成すると図4のように上へ向く力dとなり、重力aとつり合うのです。だから、摩擦に頼らなくてもレンガを支えることができます。

天井を構成するレンガを図1のように真横から支えると大きな力が必要となりますが、図2のように斜め下から支えると、それほど大きな力は必要ありません。

四角いかまくらをつくったときは、次のページの図5左に示すように天井のレンガを真横から支えることになります。だから大きな力が必要です。一方、丸いかまくらをつくると、図5右のように天井のレンガも斜め下か

図4 上向きの力ができる

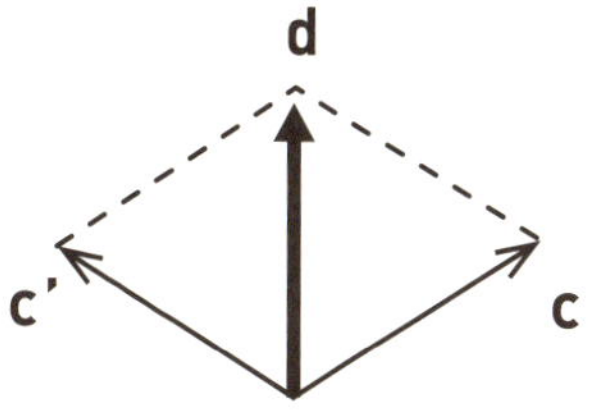

図5　かまくらは「四角」より「丸い」ほうが大きな力に強い

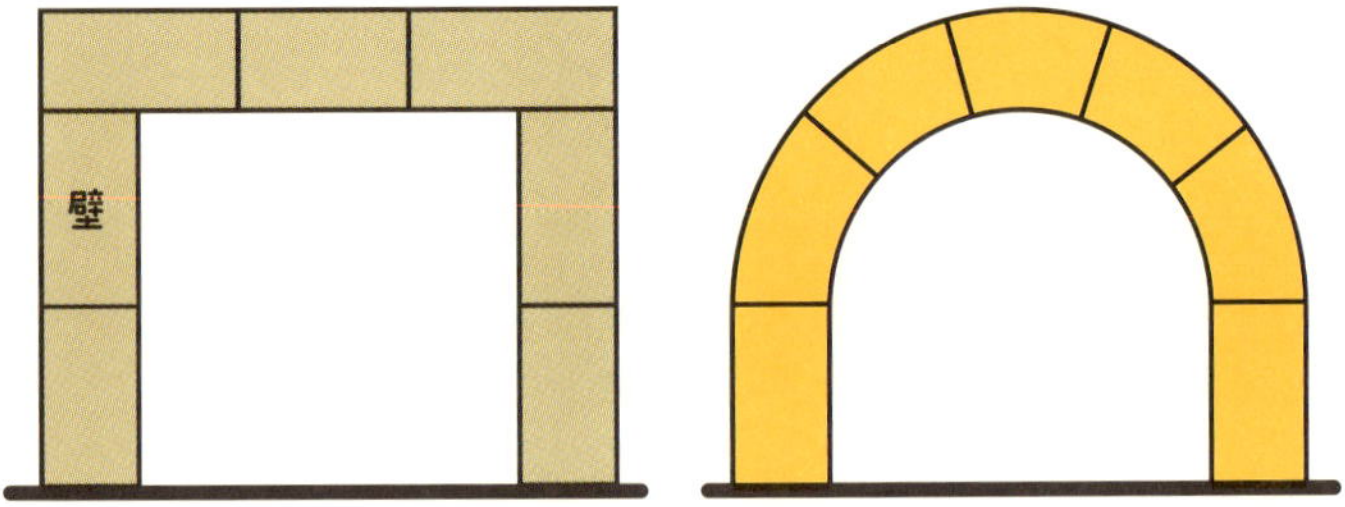

ら支える形になり、それだけ落ちる危険性が少なくなるのです。

四角でつくったほうが中の空間が広く使えてよいように思えるかもしれませんが、安全性を優先すれば丸い形がよいとわかっていただけたでしょうか。

かまくらと同じように丸い形の天井をもった構造はたくさんあります。たとえば、

・トンネルの天井
・教会の半球状の天井
・野球場のドーム
・たいこ橋
・アーチ型の門

などがその例です。これらはすべて、少ない力で安全に天井を支えるための工夫をした結果といえます。

おわりに

——有用な「数理工学」の考え方を！

「はじめに」でも触れたように、本書は『子供の科学』で連載したものの中から、「大人の方にこそ読んでもらいたい」項目を集め、そこでの事例も大人向けに変更したうえで、まとめ直したものです。ただし、大人用だからといって、むずかしく書き換えたわけではありません。自分は数学からは遠いと感じている方に、数学を知っていて損はないことをお伝えしたいというのが目的ですから、わかりやすさはそのまま残しました。

たとえば、数学のわかっている大人に対してなら、微分方程式という道具を持ち出して議論する内容も、四則演算に置き換えて近似的に解く素朴な考え方をそのまま残してあります。この泥臭さから、工学としての数学の利用法（数理工学）の有用さを少しでも感じていただければ嬉しい限りです。

本書の執筆に際しては多くの方々のお世話になりました。連載の企画・編集の時代からお世話になった誠文堂新光社の柳千絵氏、榎かおり氏、土舘建太郎氏、連載原稿に加筆して内容に広がりを与えていただいた畑中隆氏に、この場を借りて深くお礼申し上げます。

【著者紹介】

杉原 厚吉（すぎはら こうきち）

1973年、東京大学大学院工学系研究科修士課程修了、同年、通商産業省（現・経済産業省）電子技術総合研究所研究官。80年工学博士、81年名古屋大学大学院工学研究科助教授。91年東京大学工学部教授、2001年同大学大学院情報理工学系研究科教授。2009年4月より明治大学 研究・知財戦略機構特任教授。2010年より科学技術振興機構（JST）CREST研究代表者。専門は数理工学。だまし絵や錯視の数学的研究も行っており、ベスト錯覚コンテスト優勝2回、準優勝2回。
著書には、『不可能物体の数理』（森北出版）、『トポロジー』（朝倉書店）、『すごくへんな立体』『だまし絵の描き方』（いずれも誠文堂新光社）、『だまし絵と線形代数』（共立出版）など多数。

ヘタな字《じ》も方向《ほうこう》オンチもなおる！ 数学《すうがく》は最強《さいきょう》の問題解決《もんだいかいけつ》ツール

スウガクって、なんの役《やく》に立《た》ちますか？

2017年1月17日 発 行　NDC410
2017年5月 1 日 第3刷

著　者　杉原厚吉《すぎはらこうきち》
発行者　小川雄一
発行所　株式会社 誠文堂新光社
〒113-0033　東京都文京区本郷 3-3-11
（編集）電話 03-5805-7765
（販売）電話 03-5800-5780
http://www.seibundo-shinkosha.net/
印　刷　星野精版印刷 株式会社
製　本　和光堂 株式会社

ISBN978-4-416-61692-5